U0315033

高水平地方应用型大学建设系列教材

材料专业实习指导书

赖春艳 主编

徐群杰 孟新静 参编

扫一扫查看全书彩图

北 京

冶 金 工 业 出 版 社

2024

内 容 提 要

本书按照专业实习内容和要求主要分为两部分：第一部分为专业认知实习内容，主要介绍了包括金属、无机非金属、高分子和复合材料等在内的各类材料发展史、材料结构与性能特点及应用。第二部分为毕业实习内容，主要介绍了铅酸电池的生产与回收工艺、锂离子电池材料与器件的生产与回收工艺，电镀工艺、高分子材料成型与加工工艺、金属材料成型与加工工艺等。

本书可作为应用型大学材料科学与工程、材料化学、新能源材料与器件等材料类专业学生的实习指导书。

图书在版编目(CIP)数据

材料专业实习指导书/赖春艳主编．—北京：冶金工业出版社，2021.8（2024.2 重印）

高水平地方应用型大学建设系列教材

ISBN 978-7-5024-8892-5

Ⅰ.①材…　Ⅱ.①赖…　Ⅲ.①材料科学—高等学校—数学参考资料　Ⅳ.①TB3

中国版本图书馆 CIP 数据核字(2021)第 164385 号

材料专业实习指导书

出版发行　冶金工业出版社　　**电　话**　(010)64027926

地　址　北京市东城区嵩祝院北巷 39 号　　**邮　编**　100009

网　址　www.mip1953.com　　**电子信箱**　service@mip1953.com

责任编辑　王　颖　程志宏　美术编辑　吕欣童　版式设计　郑小利

责任校对　梅雨晴　责任印制　窦　唯

北京富资园科技发展有限公司印刷

2021 年 8 月第 1 版，2024 年 2 月第 2 次印刷

710mm×1000mm　1/16；8.25 印张；156 千字；117 页

定价 33.00 元

投稿电话　(010)64027932　投稿信箱　tougao@cnmip.com.cn

营销中心电话　(010)64044283

冶金工业出版社天猫旗舰店　yjgycbs.tmall.com

（本书如有印装质量问题，本社营销中心负责退换）

《高水平地方应用型大学建设系列教材》

编 委 会

《高水平地方应用型大学建设系列教材》序

应用型大学教育是高等教育结构中的重要组成部分。高水平地方应用型高校在培养复合型人才、服务地方经济发展以及为现代产业体系提供高素质应用型人才方面越来越显现出不可替代的作用。2019年，上海电力大学获批上海市首个高水平地方应用型高校建设试点单位，为学校以能源电力为特色，着力发展清洁安全发电、智能电网和智慧能源管理三大学科，打造专业品牌，增强科研层级，提升专业水平和服务能力提出了更高的要求和发展的动力。清洁安全发电学科汇聚化学工程与工艺、材料科学与工程、材料化学、环境工程、应用化学、新能源科学与工程、能源与动力工程等专业，力求培养出具有创新意识、创新性思维和创新能力的高水平应用型建设者，为煤清洁燃烧和高效利用、水质安全与控制、环境保护、设备安全、新能源开发、储能系统、分布式能源系统等产业，输出合格应用型优秀人才，支撑国家和地方先进电力事业的发展。

教材建设是搞好应用型特色高校建设非常重要的方面。以往应用型大学的本科教学主要使用普通高等教育教学用书，实践证明并不适合应用型高校教学使用。由于密切结合行业特色及新的生产工艺以及与先进教学实验设备相适应且实践性强的教材稀缺，迫切需要教材改革和创新。编写应用性和实践性强及有行业特色教材，是提高应用型人才培养质量的重要保障。国外一些教育发达国家的基础课教材涉及内容广、应用性强，确实值得我国应用型高校教材编写出版借鉴和参考。

为此，上海电力大学和冶金工业出版社合作共同组织了高水平地方应用型大学建设系列教材的编写，包括课程设计、实践与实习指导、实验指导等各类型的教学用书，首批出版教材17种。教材的编写将遵循应用型高校教学特色、学以致用、实践教学的原则，既保证教学内容的完整性、基础性，又强调其应用性，突出产教融合，将教学和学生专业知识和素质能力提升相结合。

本系列教材的出版发行，对我校高水平地方应用型大学建设、高素质应用型人才培养具有十分重要的现实意义，也将为教育综合改革提供示范素材。

上海电力大学校长 李和兴

2020年4月

前　言

实习环节是理工科高等教育中不可缺少的，尤其对应用型大学的教学，是联系基础理论知识和工程实践应用的桥梁和纽带。材料专业的实习一般分为两个阶段，包括入学初期的“认知实习”和即将毕业时的“毕业实习”。两个阶段的实习有着不同的目的和意义。“认知实习”的主要目的是提高学生对所学专业的感性认识，激发学生对本专业的学习兴趣，增强学生对专业理论知识的理解。在实施过程中，主要是向学生介绍本专业的知识结构、在社会生产链中的应用。本书针对材料专业的认知实习环节，介绍材料专业的发展历史及材料种类，包括金属材料、无机非金属材料、高分子材料及其他相关材料。“毕业实习”主要是让学生掌握相关材料的工业生产操作、控制与生产管理的相关知识，以及培养学生解决工业生产中一般工艺技术问题的初步能力，并巩固学生所学课程知识，加强理论联系实际的能力，培养学生的材料工艺观念，训练学生观察、分析和解决工程实际问题及独立工作的能力。在实习过程中还让学生了解与材料相关的生产组织、设备系统、生产原理、工艺以及运行方式和流程，帮助学生提高由学校学习方式向社会、企业等工作环境过渡转换的能力。

本书由赖春艳主编，徐群杰和孟新静参编。赖春艳负责前言和第3~7章内容的编写，孟新静负责第1、2章的编写，徐群杰负责全书的规划和审核工作。

由于编者水平所限，书中可能存在疏漏之处，为了提高学生实习的质量，读者如在阅读过程中发现不妥之处，敬请各位同行和专家提出宝贵的修改意见。

赖春艳

2021年8月于上海电力大学

目　　录

1 认 知 实 习

认知实习是应用型大学本科教学中一个重要的教学环节，通过认知实习环节可以提高学生对本专业的感性认识，激发学生对本专业的学习兴趣，加深对专业理论知识的理解。通过认知实习，学生要掌握材料发展和分类的基础知识；熟悉本专业的一些典型生产系统和设备，并能够提出自己的见解。在随后的专业知识学习中与生产实际联系起来并具备一定的解决实际问题的能力。安排现场参观要求学生在参观实际工程时，能向老师和现场工程技术人员提出经过思考和有独立见解的问题，并能够用所学的知识参与一些工程实际问题讨论。

1.1 认知实习的基本要求

认知实习是材料专业的一个实践性教学环节，课程以专业老师讲座和实地参观的形式进行。要求学生在上基础课的同时，了解专业的知识结构和应用领域及其发展的过程，也对本专业所对应的实际应用和生产系统有一定的认识，能够将理论学习和实际应用联系起来。认知实习能激发学生对专业课程的学习兴趣，同时在学习结束后可以熟练查阅网上资料。

1.2 认知实习的内容及组织形式

A 专业介绍

向学生介绍材料专业的知识结构、教学培养计划、本专业在社会生产中的应用等内容。

B 专业讲座

介绍材料专业概况，讲述几大类材料：金属材料、无机非金属材料、高分子材料及其他相关材料的讲座，为学生后续专业课程的学习指引方向。

C 现场参观

参观与本专业密切相关的企业，一般为两家以上。通过参观和现场技术人员讲解，了解企业的生产原理和工艺、企业生产产品的类型和在社会经济发展中的作用，企业的规模和生产技术管理等。

D 撰写实习报告

学生在认识本专业的实际工程时，能提出自己的独到见解，并能把所学到的知识运用到实际工程中去。同时，写出参观后对本专业发展趋势的认识和本人今后的专业志向。要求资料翔实、数据准确、观点明确、分析合理。

2 材料认知

2.1 材料简介

2.1.1 认知材料发展史

材料是人类用以制作有用物件的物质，是生存和发展的物质基础，也是现代文明的重要支柱。人类社会发展过程也是材料发展的过程，从文明发展阶段命名（石器时代、青铜时代、铁器时代等）就能看出材料对社会发展的重要性。历史上每一个新时代都以当时主要的一种新材料为基础，逐渐发展并促进下一个新时代的形成。自从第三次科技大发展后，新材料与能源、信息并称为现代文明的三大支柱。近年来，人们又把信息技术、生物技术和新材料技术称为新技术革命的重要标志。新材料的形成和发展会带动相关产业和技术的快速发展，甚至催生新的产业领域的发展。学习、掌握并能有效地利用材料具有非常重要的意义。

一般而言，材料发展史可以划分为 5 个重要阶段。

A　石器时代

石器时代是指人们以石头作为工具使用的时代，这时因为科技不发达，人们只能以石头等从自然界直接获得的材料来制作简单工具。随着时代的推进，人们对石器的研制不断改进。因此在时代划分上，石器时代大致可分为旧石器时代、中石器时代和新石器时代 3 个阶段。

B　青铜时代

青铜时代是以使用青铜器为标志的人类物质文化发展阶段。在世界范围内的编年时间段大约从公元前 4000 年至公元初年。青铜是红铜（纯铜）与锡或铅的合金，因为颜色青灰，故名青铜，熔点在 700~900℃之间，性能良好。青铜时代初期，青铜器具比重较小，只作为当时使用较多的武器、器皿和工具。

C　铁器时代

当人们可以熟练冶炼青铜并逐步掌握铁冶炼技术之后，铁器时代就到来了。铁器时代是人类发展史中一个极为重要的时代。人们最早知道的铁是陨石中的铁，古代埃及人称之为神物。在很久以前，人们就曾用这种天然铁制作过刀刃和饰物，这是人类最早使用铁的情况。铁的冶炼和铁器的制造经历了一个很长的时期。随着技术的进步，后来又发展了钢的制造技术。18世纪，钢铁工业的发展，成为产业革命的重要内容和物质基础。19世纪中叶，现代平炉和转炉炼钢技术的出现，使人类真正进入了钢铁时代。中华人民共和国成立初期，从国家重点发展重工业以尽快实现社会主义工业化时起，钢铁工业即被作为重工业的代表而得到了高度重视，从而有了从几乎空白到建立起一个强大的钢铁产业的迅速发展过程。

D 半导体时代

半导体材料有着重要的战略地位，20世纪中叶，单晶硅和半导体晶体管的发明以及硅集成电路的研制成功，引发了材料领域的大爆炸；随着光导纤维材料等的发明，一起促进了光纤通信技术迅速发展并逐步形成了高新技术产业，人类开始进入信息时代。

E 新材料时代

进入20世纪，随着科学技术的进步，逐渐进入以碳纳米管、形状记忆合金以及锂离子电池材料等为代表的新材料时代，社会生产力得到了极大的发展，人类文明获得快速进步。新材料时代是一个由多种材料决定社会和经济发展的时代。新材料是根据我们对材料的物理和化学性能了解、为了特定的需要设计和加工而成的。这些新材料使新技术得以产生和应用，而新技术又促进了新工业的出现和发展，从而使国家财富和就业人员增加。

材料是人类一切生产和生活活动的物质基础，是人类社会进步的里程碑，人们日益增长的物质需求也促进了材料的发展和更新，多功能、更优异的材料正在不断地被研究。随着科学技术的快速发展，目前具有高性能、高智能化以及环境相容性的新型复合材料不断获得研发，在信息资源化的21世纪，先进制造技术和国防工业的发展必然对材料提出更高的要求，同时各类新材料的涌现也会给人类文明带来历史上的新高度。

2.1.2 无所不能的材料

材料存在于我们生活中的方方面面，我们的衣食住行都离不开它。在我们的生活中，我们都很容易觉察到各类材料的价值，同时又容易忽略掉它的存在，可以说在当今的外界环境中材料的意义是显而易见的。聚合物彻底改变了我们的生活方式，大大方便了我们的日常生活。铝镁合金和钛合金等制作出飞行速度更快的飞机，使得世界变得更“亲切”，降低了因距离带来的不便，促进了世界各国之间的交流合作。新型玻璃、结构钢等工程材料的大力发展使得建筑物变成艺术品，在各位建筑师的手下创作出一座座、一幢幢叹为观止、精妙绝伦的摩天大楼，成为各个城市的新坐标。生物材料（如假牙、假肢、人造皮肤、人造心脏等）使得数以百万的患者得以康复，提高了人类的生活质量。超导材料在电动机、变压器和磁悬浮列车等领域起着重要的作用，改变了我们的出行方式。用超导材料制造电机可增大极限输出量 20 倍，减轻 90%的质量。而用碳纳米管制造晶体管，有可能出现更快、更小的产品，并可能使现有的硅芯片技术逐渐被淘汰。随着科学技术的不断进步和材料科学家的努力，新兴材料随着人类日益增长的需求而不断发展，并改变传统生活、生产方式，提高效率，带来便捷。无法想象，如果没有材料，世界会变成怎样。

2.2 金属材料

2.2.1 钢铁

钢铁材料通常是指碳钢和铸铁，是以铁和碳为组元的二元铁碳合金。钢铁材料是国民经济赖以生存的基础，钢铁工业是国民经济的支柱性产业，是关系国计民生的基础性行业。钢铁工业作为一个原材料的生产和加工行业，处于工业产业链的中间位置。它的发展与国家的基础建设以及工业发展的速度密切相关。从最简单的手工劳动工具直到最复杂的航天技术，都与钢铁材料息息相关。近年来，随着我国国民经济的快速发展，钢铁工业取得了巨大成就。我国钢铁工业不仅为本国国民经济的快速发展做出了重大贡献，也为世界经济的繁荣和世界钢铁工业的发展起到积极的促进作用。

2.2.1.1 钢

古代炼钢有如世界级大谜团，因之而起很多传奇之事，因为没有理论知识储备，仅靠前人经验，代代相传，有时炼出的钢材坚硬无比，有时却又破碎易裂。一直到 19 世纪末至 20 世纪初，人们在彻底掌握相关金属及合金的冶炼原理后，炼钢效率才大大提高。

钢分为碳钢和合金钢两种。碳钢是指 w_C<2.11%的铁碳合金，也叫碳素钢，其中还含有少量的硅、锰、硫、磷等元素。一般情况下，碳钢中 w_C 越高，硬度越大，强度也越高，但塑性越差。合金钢是在普通碳素钢基础上添加适量的一种或多种合金元素而构成的铁碳合金，根据添加元素的不同，可获得高强度、耐磨、耐蚀、耐高温等不同特殊性能的钢种。

碳钢有多种分类方法，一般工业中常见的有 3 种。

（1）按钢中 w_C 分类：有低碳钢（w_C<0.25%）、中碳钢（w_C = 0.25%～0.60%）、高碳钢（w_C>0.60%）。

（2）按钢的用途分类：有结构钢和工具钢。结构钢主要用于制造各种工程构件和机械零件，如桥梁、建筑等。工具钢主要用于制造各种工具、量具和模具等。

(3) 按钢的质量分类：可以把碳素钢分为普通碳素钢（含磷、硫较高）、优质碳素钢（含磷、硫较低）和高级优质钢（含磷、硫更低）和特级优质钢。

一般用碳素钢容易采购，成本低，制造工艺简单，耐腐蚀性和耐磨性普遍不好，所以一般都是用来做结构件，不适合做接触件。

合金钢是在普通钢的基础上添加不同的合金元素以提高其性能和使用范畴。按照用途可以分为合金结构钢（用于制造性能要求更高的机械零件和工程构件）、合金工具钢（用于制造性能要求更高的刃具、量具等）及特殊性能钢（具有特殊物理和化学性能的钢）；按照合金元素的含量（质量分数）可以分为低合金钢（合金总量小于 5%）、中合金钢（合金总量为 5%~10%）、高合金钢（合金总量大于 10%）。

19 世纪后半期，工业上开始大规模使用合金钢，随着工业发展的需求增加，不断开发出许多高强度以及超级新钢种，并促进了冶金新技术，特别是炉外精炼技术的快速发展。

钢以其成本低、性能优良成为世界上使用最多的材料之一，是重工业、轻工业、国防、化工机械、制造业和人们日常生活中不可或缺的重要物资，可以说钢是现代社会的物质基础。

2.2.1.2　铸铁

铸铁是碳含量（质量分数）大于 2.11%、并常含有较多的硅、锰、硫、磷等元素的铁碳合金。工业上为了提高铸铁的性能，常常加入少量的合金元素，得到合金铸铁。铸铁的生产工艺和设备简单，价格便宜，并具有许多优良的使用性能和工艺性能，因此应用非常广泛。早在公元前六世纪春秋时期，我国已开始使用铸铁，比欧洲各国要早将近 2000 年。20 世纪 80 年代初，铸铁材料发展进入鼎盛期，随后，由于种种原因，世界各国铸铁产量均出现急剧减少，然而铸铁仍是当今金属材料中应用最为广泛的基础材料之一。

一般工业中，铸铁有两种常见的分类方法。

(1) 根据碳在铸铁中存在形式的不同，铸铁可分为：

1) 白口铸铁，碳主要以渗碳体的形式存在于铸铁中，其断口呈银白色，故称白口铸铁。

2) 灰口铸铁，碳全部或大部分以片状石墨存在于铸铁中，其断口呈暗灰色，故称灰口铸铁。

3) 麻口铸铁，铸铁中的碳一部分以石墨形式存在，另一部分以自由渗碳体形式存在，所以断口中有黑白相间的麻点，故称麻口铸铁。这类铸铁也具有较大硬脆性，故工业上也很少应用。

(2) 根据铸铁中石墨形态不同，铸铁可分为：

1) 灰口铸铁，铸铁中石墨呈片状存在。

2）可锻铸铁，铸铁中石墨呈团絮状存在。它是由一定成分的白口铸铁经高温长时间退火后获得的。其力学性能（特别是韧性和塑性）较灰口铸铁高，故习惯上称为可锻铸铁。

3）球墨铸铁，铸铁中石墨呈球状存在。它是在铁水浇注前经球化处理后获得的。

4）蠕墨铸铁，石墨呈蠕虫状的铸铁。

同钢相比，铸铁的强度、塑性和韧性较低，但是铸铁熔炼简便，成本低廉，具有优良的铸造性能、很高的耐磨性、良好的减震性和切削加工性能好等一系列优点，因此获得了较为广泛的应用。如灰口铸铁可用于制造各种机床床身、箱体、壳体、泵体、缸体；可锻铸铁用于制造形状复杂且承受振动载荷的薄壁小型件，如汽车、拖拉机的前后轮壳、管接头、低压阀门等；球墨铸铁可承受震动、载荷大的零件，如曲轴、传动齿轮等，可部分替代铸钢、锻钢件；蠕墨铸铁常用于制造承受热循环载荷的零件和结构复杂、强度要求高的铸件，如汽缸盖、柴油机汽缸、排气阀、液压阀的阀体、耐压泵的泵体。

2.2.2 五花八门的有色金属

在材料体系中，有色金属五花八门，璀璨夺目，狭义的有色金属是指除铁、铬、锰以外所有金属的总称。广义的有色金属还包括有色合金，即为了改善性能而添加一种或几种合金元素构成的有色合金材料。进入 20 世纪后，钢铁工业的进步大大促进了有色冶金的发展。工业的快速发展也极大地提高了对铜合金、铝合金、锌合金等的需求。有色金属按其性质、用途、产量及其在地壳中的储量状况一般分为有色轻金属、有色重金属、贵金属、稀有金属和半金属五大类。有色金属种类繁多，国际上把铝、铜、镁、钛、铅、锡、锌、锑、镍、汞称为十大有色金属，其中铝、铜、锌、铅、镍五种有色金属的总产量约占有色金属总产量的 98%，本部分就在工业中应用广泛的铜、铝、锌及其合金进行简单介绍。

2.2.2.1 铜及铜合金

A 纯铜

纯铜呈玫瑰红色，其表面易形成紫色的氧化铜膜，故纯铜又称为紫铜。熔点为 1083℃，相对密度为 $8.9g/cm^3$。纯铜具有优良的导电性和导热性，仅次于银，可制作各种电线、电缆，是电力电气行业的主要材料；铜是抗磁性物质，经常用其来制备防磁性干扰的仪器仪表，如罗盘、航空仪表等；纯铜强度低、塑性好，易于进行各类冷、热加工，可用于制作形状较复杂的零件；纯铜在大气中耐蚀性能好。

B 铜合金

a 黄铜

黄铜是以锌为主要合金元素的铜合金。最简单的铜-锌二元合金称为普通黄铜。黄铜中锌的含量（质量分数）影响合金的力学性能，当锌的含量（质量分数）提高时，其强度增大，塑性稍下降，工业中使用的黄铜锌含量（质量分数）一般不超过45%，若再高则会产生脆性。在普通黄铜的基础上加入其他合金元素的黄铜称为特殊黄铜。比如在黄铜中加铝能提高合金屈服强度和抗腐蚀性，添加约1%的锡能明显改善黄铜的抗海水腐蚀能力，称为“海军黄铜”，锡还能改善黄铜的切削加工性能。

b　青铜

青铜即铜锡合金，是历史上应用最早的一种合金，因颜色呈青灰色，故称青铜。为了改善合金的工艺性能和力学性能，大部分青铜内还加入其他合金元素，如Pb、P等。由于锡是一种稀缺元素，工业上常常使用许多不含锡的无锡青铜，它们成本低，性能较好。常用的无锡青铜主要有铝青铜、铍青铜、锰青铜等。现在青铜通常是指除以Zn和Ni为主要合金元素以外的铜合金。

锡青铜力学性能较好，易于焊接，减摩性良好，是常用的耐磨材料，同时具有较好的耐蚀性和铸造性能，无铁磁性和收缩系数小等性能特点。通常环境下，锡青铜抗蚀性都比黄铜高。

c　白铜

以镍为主要合金元素的铜合金呈银白色，故称为白铜。Cu-Ni二元合金称普通白铜，加其他合金元素（如锰、铁、锌等元素）的铜镍合金称为复杂白铜，添加镍的铜合金在一些性能上得到显著提高，如具有高强度和耐蚀性。工业用白铜可制造化工机械零件、船舶仪器零件等。

2.2.2.2　铝及铝合金

A　纯铝

铝是一种典型的轻金属，密度小（约2.7g/cm^3），为铁密度的1/3，熔点为660℃，具有良好的强度和塑性，抗拉强度一般超过200MPa，因此在机械制造中得到广泛的运用；铝的导电性好，仅次于银、铜，可用于制造各种导线；铝还具有良好的导热性，可用作各种散热材料。由于铝和氧亲和力强，在大气中易在表面形成致密氧化膜层，因此铝具有良好的抗腐蚀性能，同时铝具有良好的加工性能和焊接性能。纯铝分冶炼品和压力加工品两类，前者以化学成分Al表示，后者用汉语拼音LG表示。

B　铝合金

在铝基中添加一定量的合金元素即成为铝合金，工业中常常加入的合金元素有铜、镁、锌等。铝合金按加工方法可以分为变形铝合金和铸造铝合金。变形铝合金比强度大、易于进行塑性成型，又可分为热处理不可强化型铝合金和热处理可强化型铝合金。热处理不可强化型铝合金不能通过热处理来提高力学性能，只能通过冷加工变形来实现强化。热处理可强化型铝合金可通过淬火和时效等热处理手段来提高力学性能，它可分为硬铝、锻铝、超硬铝和特殊铝合金等。铸造铝合金是在熔融状态下填充铸型，获得一定形状和尺寸毛坯的铝合金。铸造铝合金的合金含量（质量分数）一般高于相应变形铝合金，具有密度低，比强度较高，铸造工艺性好等优点，常见的有铝硅系、铝铜系、铝镁系等，可用于制造燃汽轮叶片、泵体、轮毂等各种复杂形状的零件。

经压力加工的铝合金产品按照标准分为防锈（LF）、硬质（LY）、锻造（LD）、超硬（LC）、包覆（LB）、特殊（LT）及钎焊（LQ）等7类。

C 铝材

铝和铝合金经加工成一定形状的材料统称铝材，如轧延制品：片材、板材、卷片材、带材等。挤型制品：管材、实心棒材、型材。铸造制品：铸件等。铝材应用范围广泛，如建筑、桥梁、电器机组、工林水产及包装等。

2.2.2.3 锌及锌合金

A 纯锌

锌是一种银白色略带淡蓝色金属，除了铝和铜之外，它是第三种应用最广泛的有色金属，密度为7.14g/cm^3，熔点为419.5℃。在现代工业中，锌是电池制造不可替代的重要材料，具有广泛的应用价值。其在室温下性较脆，塑性差。锌的化学性质活泼，在常温下的空气中，表面生成一层薄而致密的碱式碳酸锌膜，可防止大气氧化。锌易溶于酸，可置换金、银等。锌主要用于钢铁、冶金、机械、电气、化工和医药等领域。

B 锌合金

锌合金是在锌的基础加入其他元素组成的合金。常加的合金元素有铝、铜、镁、镉、铅、钛等。锌合金熔点低，流动性好，易熔焊、钎焊和塑性加工，在大气中耐腐蚀，残废料便于回收和重熔；但蠕变强度低，易发生自然时效引起尺寸变化。锌合金一般采用熔融法制备，压铸或压力加工成材。按制造工艺可分为铸造锌合金和变形锌合金。锌合金的主要添加元素有铝、铜和镁等。锌合金按加工工艺可分为形变与铸造锌合金两类。铸造锌合金流动性和耐腐蚀性较好，适用于压铸仪表、汽车零件外壳等。

2.3 无机非金属材料

无机非金属材料是以某些元素的氧化物、碳化物、氮化物、硼化物以及硅酸盐、铝酸盐、硼酸盐等物质组成的材料，是除有机高分子材料和金属材料以外的所有材料的统称。无机非金属材料的提法是20世纪40年代以后，随着现代科学技术的发展从传统的硅酸盐材料演变而来的，主要包括陶瓷、玻璃、水泥、黏土以及新型无机材料等。在现代材料体系中，无机非金属材料占据重要的组成部分。

传统无机非金属材料具有以下特点：硬度大、耐高温、耐压强度高、抗腐蚀。不过缺点也较明显，它抗断强度低、缺少韧性和延展性，属于脆性材料，与高分子材料相比，密度较大，制造工艺较复杂。新型无机非金属材料的特点是：

(1) 功能性强，比如氧化铝陶瓷具有高频绝缘特性；铁氧体陶瓷具有磁性能；导电陶瓷的导电性质等。

(2) 功能转换特性，例如：光敏材料的光—电、热敏材料的热—电、压电材料的力—电、气敏材料的气体—电、湿敏材料的湿度—电等材料对物理和化学间的功能转换特性。

(3) 易改性增强，例如：金属陶瓷、压电陶瓷以及各种增韧、增强陶瓷材料等。

无机非金属材料种类繁多，目前尚无统一分类方法。最常见的是将其分为传统和新型两大类。传统的无机非金属材料主要是指以硅酸盐为主要成分的材料，以及工艺相近的非硅酸盐材料，这类材料生产历史悠久、工艺成熟、产量较高，用途较广，如 SiC、Al_2O_3 陶瓷、硼酸盐和碳素材料等。新型无机非金属材料主要指 20 世纪以来发展起来的人工合成的、具有某种特殊性能和用途的材料。比如超硬、压电、导体、半导体、超高温、生物工程材料等。但有些材料的分类比较模糊，难以划分，毕竟新型的材料是从传统材料发展起来的；还可以按照材料的用途进行分类，日用、建筑、化工、电子、生物医学材料等；根据材料的性质进行分类，胶凝、耐火、耐磨、导电、半导体材料等；按照生产工艺，可以划分为陶瓷、水泥、玻璃、搪瓷以及耐火材料等。

2.3.1 陶瓷

陶瓷是陶器与瓷器的统称，是人类使用最早的材料之一。公元前 6000 年～公元前 5000 年中国发明了原始陶器，到了公元前 17 世纪初～约公元前 11 世纪商代时候研制出了原始瓷器，后来又成功制作出上釉陶器。早期陶瓷及其他硅酸盐制品所用原料大部分是天然的矿物或岩石，其中多为硅酸盐矿物。这些原料种类繁多，资源蕴藏丰富，在地壳中分布广泛，这为陶瓷工业的发展提供了有利的条件。陶器的出现不仅为人们的日常生活提供了很大的便利，带来了艺术赏鉴，同时对金属制件的开发提供了一定的基础，有记载在中国夏代时用陶质炼锅进行炼制铜器。随着陶瓷的生产技术不断发展，人们逐渐地在坯料中加入了其他矿物原料，即除用黏土作为可塑性原料以外，还适当添入石英、长石以及其他含碱金属及碱土金属的矿物作为熔剂原料，出现化工陶瓷、金属陶瓷等。到了 20 世纪，新科技、新技术的兴起，对材料提出了更高的要求，促进了特种陶瓷材料的迅速发展。20 世纪 30～40 年代出现了高频绝缘陶瓷、铁电陶瓷和压电陶瓷等。20 世纪50~60年代开发了碳化硅和氮化硅等高温结构陶瓷、氧化铝透明陶瓷、气敏和湿敏陶瓷等。

现代陶瓷材料可定义为用天然或合成化合物经过原料粉碎、混合、成型和高温烧结制成的一类无机非金属材料。由于它具有高熔点、高硬度、高耐磨性、耐氧化等众多优点，使得它不仅用于日常生活，并可广泛应用在工业领域中，通常可作为结构材料、刀具材料和模具材料、建筑材料等。随着新技术产业的兴起，各种新型特种陶瓷也获得较大发展，比传统陶瓷更高的耐温性能，更好的耐蚀性能，使得其在某些高科技领域中成为必不可少的功能材料。

陶瓷材料种类繁多，目前还未有统一分类方法，一般按照性能常把陶瓷材料分为普通陶瓷和特种陶瓷。

2.3.1.1　普通陶瓷

普通陶瓷又称传统陶瓷，其主要原料是黏土（$Al_2O_3 \cdot 2SiO_2 \cdot H_2O$）、石英（$SiO_2$）和长石（$K_2O \cdot Al_2O_3 \cdot 6SiO_2$）等天然矿物原料，调整原料之间的配比，然后加工、成型、烧结后可以得到具有不同的力学性能、物理性能、化学性能及电学性能等的陶瓷。一般普通陶瓷坚硬，但脆性大，绝缘性和耐蚀性极好。普通陶瓷的结构主要由晶相、玻璃相以及气相组成，质硬，不易氧化生锈，不导电，易加工，成本低；但是其强度较低，高温时玻璃相易被软化。

普通陶瓷应用非常广泛，生活中常用的各类陶瓷制品、电瓷绝缘子、耐酸碱的容器和化学反应管道、工业零件等都属于普通陶瓷，通常可分为日用陶瓷和工业陶瓷两类。日用陶瓷主要是为了满足人们对日常生活的需求，如各类餐具、茶具、酒具等，按照瓷质可分为长石质瓷、绢云母质瓷、骨灰质瓷、日用质瓷等，日用陶瓷主要弱点是抗冲击强度差，易破损。

工业陶瓷即工业生产用及工业产品用的陶瓷，淄博市于20世纪初开始生产工业陶瓷，用于化工、电力、现代工业，成为我国最早的工业陶瓷产地之一。工业陶瓷按用途可以分为建筑陶瓷、卫生陶瓷、电器绝缘陶瓷、化工陶瓷等。工业陶瓷比日用陶瓷性能优越，具有耐蚀、耐高温、耐磨损等特点，所以工业陶瓷可在金属和聚合物材料不能直接使用的较为苛刻的环境中进行工作，也是目前新兴产业中必不可少的重要材料之一，在能源、航天航空、机械、汽车、电子、化工等领域具有十分广阔的应用前景。

2.3.1.2　特种陶瓷

特种陶瓷也称为先进陶瓷、新型陶瓷等，突破了传统陶瓷以黏土等天然矿物为主要原料的界限，主要以人造氧化物、氮化物、硅化物等为主要原料，采用现代材料工艺制备，具有新颖优良特性的陶瓷材料。特种陶瓷性能优异，用途广泛。工程应用最多的特种陶瓷是耐热高温陶瓷，包括氧化物陶瓷、碳化物陶瓷、硼化物陶瓷和氮化物陶瓷等，可作为高温结构材料、高温电极材料、加热炉、高温反应容器等；传热性能好的特种陶瓷可制作集成电路和电子器件散热片等；耐磨性能突出的特种陶瓷可制作轴承、切削刀具、模具等；强度高的陶瓷可制作汽轮机的叶片、涡轮等。

特种陶瓷材料的制备所采用的原料以亚微米超细粉末为主，随着科技的发展，目前也已发展到使用纳米级超细粉体作为原料。原料粉末的尺寸分布及相结构对陶瓷的性能有重要的影响。然后采用热压铸成型、挤压成型、凝胶注模成型、粉末注射成型、轧模成型等方法对粉末进行成型加工，最后对成型后的胚体进行烧结。目前特种陶瓷烧结方法有气相烧结、固相烧结、液相烧结及反应液体烧结等4种模式，其烧结驱动力方式各不相同。传统陶瓷的烧结主要依赖于液相形成、黏滞流动以及溶解再沉淀的过程，而高强度结构陶瓷主要是采用固相烧结。采用合适的烧结方法对特种陶瓷材料的制备至关重要。

2.3.2 玻璃

玻璃是一种很常见的、强度及硬度高、表面平滑、透明的材料。玻璃的出现已有几千年的历史，世界上最早的玻璃是古埃及人制造的。玻璃是一种典型的非晶态无机非金属材料，一般是由多种天然或人工的无机矿物（如长石、石英等）为主要原料，再添加少量辅料制备而成的。目前玻璃一般有石英玻璃、硅酸盐玻璃、钠钙玻璃、氟化物玻璃、高温玻璃、耐高压玻璃、防紫外线玻璃、防爆玻璃等。其中硅酸盐玻璃是最常见的，它是以石英砂、纯碱、长石及石灰石等为原料，经混合、高温熔融、匀化后加工成形，再经退火而得。目前大多数的玻璃广泛应用于建筑行业中，主要用来采光和防风。

玻璃的制作过程主要包括：原料按照一定比例混合粉碎（纯碱、石灰石和石英等），然后放入玻璃窑中进行加热，熔融后的原材料经过一系列物理和化学变化过程，最终获得主要成分为 SiO_2 的玻璃态物质。由于这种玻璃态物质是由原料熔融后快速冷却而得到，从熔融态向玻璃态转变时，冷却过程中液态物质的黏度快速增大，质点来不及做有规则排列而形成固态的晶体构型，而具有典型的非晶态组织结构。因此玻璃的分子排列是无规则的长程无序，在空间中具有统计上的均匀性，具有各向同性的特征，即均质玻璃（理想状态下）的物理、化学性质（如硬度、透光率、热膨胀系数、导热率等）在各个方向都是相同的。同时玻璃态物质相比结晶态物质含有较高的内能，有一定的析晶倾向，因此玻璃是一种亚稳态固体材料。另外玻璃的熔点与晶体也不同，它不是某个确定的温度，而是在某个温度范围内逐渐软化。在软化状态时，玻璃可以被人工吹制成任意形状的制品，操作简便，软化的程度也将决定玻璃制品的最终制成形态。我们日常生活中使用的玻璃茶杯、酒杯等器皿一般都是由普通玻璃制造的。

玻璃的化学组成，制造玻璃时的工艺（反应条件），都会影响玻璃的性能和用途。在生产过程中加入不同的物质，调整玻璃的化学组成，可以制得具有不同性能和用途的玻璃。对可见光透明是玻璃最大的特点。一般的玻璃因为制造时加进了碳酸钠，所以对波长短于400纳米的紫外线并不透明。如果要让紫外线穿透，玻璃必须以纯正的二氧化硅制造。这种玻璃成本较高，一般被称为石英玻璃。常见的玻璃通常也会加入其他成分。例如看起来十分闪烁耀眼的水晶玻璃（lead glass），是在玻璃内加入铅，令玻璃的折射指数增加，产生更为炫目的效果。至于派来克斯玻璃（pyrex），则是加入了硼，以改变玻璃的热及电性能。加入钡也可增加折射指数。制造光学镜头的玻璃则是加入钍的氧化物来大幅增加折射指数。倘若要玻璃吸收红外线，可以加入铁。例如放映机内便有这种隔热的玻璃。玻璃加入铈则会吸收紫外线。在玻璃中加入各种金属和金属氧化物也可以改变玻璃的颜色。例如少量锰可以改变玻璃内因铁造成的淡绿色。多一点锰则可以造成淡紫色的玻璃。硒也有类似的效果。少量钴可以造成蓝色的玻璃。锡的氧化物及砷氧化物可造成不透明的白色玻璃。这种玻璃好像是白色的陶瓷。铜的氧化物会造成青绿色的玻璃。加金属铜则会造成深红色、不透明的玻璃，看起来好像是红宝石。镍可以造成蓝色、深紫色、甚至是黑色的玻璃。钛则可以造成棕黄色玻璃。加微量的金（约0.001%）造成的玻璃是非常鲜明，像是红宝石的颜色。加铀（0.1%~2%）造成的玻璃是萤火黄或绿色。银化合物可以造成橙色至黄色的玻璃。改变玻璃的温度也会改变这些化合物造成的颜色，但当中的化学原理相当复杂，至今仍然未被完全明解。

2.3.3　混凝土

混凝土是现代最主要的土木工程材料之一。混凝土是由胶凝材料、水和粗、细骨料按适当比例配合、经均匀搅拌、密实成型、养护硬化而成的一种人工石材。混凝土凝固是很巧妙的化学反应过程，其中的活性成分为细化的岩石，且岩石中必须含有碳酸钙，而碳酸钙是石灰石的主要成分，石灰石是生物体层层埋在地底，经过数百万年地壳运动的高温高压融合而成的物质。此外，制造混凝土还需要含硅酸盐的岩石。硅酸盐是硅氧化合物，地壳将近90%由硅酸盐组成。为了制造能和水反应的关键成分，必须先断开碳酸钙和硅酸盐的化学键，但是碳酸钙和硅酸盐的化学键非常稳定，所以岩石很难溶解于水中，也不容易和其他物质发生反应。必须在高达1450℃的温度下，岩石才会开始分裂重组，最终制成混凝土。由于混凝土中80%的原材料（如砂石、石骨料等）资源丰富，价格便宜，且可根据工程需要浇铸成各种形状和尺寸的构件，同时混凝土还具有抗压强度高，与钢筋具有良好的工作性、耐久性好、强度等级范围宽等特点，因而使用范围十分广泛，不仅在各种土木工程中使用，在机械工业、海洋开发、地热工程等方面，混凝土也是重要的材料。

混凝土的等级划分是按28天立方体抗压强度标准值来划分的，也就是常说的强度等级。表示为符号C（“C”为混凝土的英文名称的第一个字母）与立方体抗压强度标准值（以MPa计）表示，普通混凝土划分为C10、C15、C20、C25、C30、C35、C40、C45等。影响混凝土抗压强度的因素有很多，比如水胶比，水胶比越大，孔隙越大，强度越低；水泥强度与用量，水泥的强度越高，混凝土的强度越高；水泥用量越高，混凝土强度越高；掺合料用量越大，混凝土的相对强度越低；掺合料的活性越低，强度越低；掺合料的需水量越大，强度越低；在其他条件一定的情况下，集料的最大粒径越大，强度越低，在高等级的混凝土中这种影响较大，中等等级不太明显，低标号反而是粒径越大，强度越高；温度、湿度越高，强度越高；砂率越大，混凝土强度越低。

混凝土的分类有多种方法，可按照表观密度依次分为重混凝土（表观密度大于2600kg/m^3）、普通混凝土（表观密度为1950~2500kg/m^3）、轻混凝土（表观密度小于1950kg/m^3）；按照胶凝材料分为无机胶凝材料混凝土（如水泥混凝土、硅酸盐混凝土等）和有机胶凝材料混凝土（如沥青混凝土、聚合物混凝土等）；另外还可以按使用功能分为结构混凝土、保温混凝土、装饰混凝土、防水混凝土、耐火混凝土、水工混凝土、海工混凝土、道路混凝土等。

和易性是表征混凝土拌合物最重要的性能之一，是指新拌水泥混凝土易于各工序施工操作（搅拌、运输、浇铸、捣实等）并能获得质量均匀、成型密实的性能，也称为混凝土的工作性。它主要包括流动性、黏聚性和保水性。流动性：在本身自重或施工机械振捣作用下，能产生流动并且均匀密实地填满模板的性能。黏聚性：各组成材料之间具有一定的内聚力，在运输和浇铸过程中不致产生离析和分层现象的性质。保水性：具有一定的保持内部水分的能力，在施工过程中不致发生泌水现象的性质。测定和表示拌合物和易性的方法和指标很多，我国主要采用截锥坍落筒测定的坍落度（mm）及用维勃仪测定的维勃时间（s）作为稠度的主要指标。影响和易性的因素很多，主要有单位用水量、水灰比、砂率、骨料品种、时间气候条件等。

混凝土在荷载或温湿度作用下会产生变形，主要包括弹性变形、塑性变形、收缩和温度变形等。混凝土在短期荷载作用下的弹性变形主要用弹性模量表示。在长期荷载作用下，应力不变，应变持续增加的现象为徐变，应变不变，应力持续减少的现象为松弛。由于水泥水化、水泥石的碳化和失水等原因产生的体积变形，称为收缩。

2.4 高分子材料

高分子材料也称为聚合物材料，是由大量的大分子链聚集而成的，每个大分子链的长短并不一样，聚合物分子量呈统计规律分布。通常将低分子化合物合成为高分子化合物的方法有加聚反应和缩聚反应两种。加聚反应又称为加成聚合反应，由一种或多种单体相互加成，或由环状化合物开环相互结合成聚合物的反应。该反应过程中不产生其他副产物，生成的聚合物化学组成与单体基本相同。缩聚反应即缩合聚合反应，是指由一种或多种单体相互缩合生成高分子的反应，其主产物称为缩聚物。缩聚反应往往是官能团的反应，除形成缩聚物外，还有水、醇、氨或氯化氢等低分子副产物产生。

高分子材料质轻，平均密度为 1.45g/cm^3，约为钢的 1/5，铝的 1/2；比强度高，接近或超过钢材，是一种优良的轻质高强材料，但是一般高分子材料强度、刚度小，如在塑料中加入纤维增强材料，其强度可大大提高，甚至可超过钢材；高分子材料在断裂前能吸收较大的能量，因而具有良好的韧性；减摩、耐磨性好，有些高分子材料，如聚四氟乙烯等，在无润滑和少润滑条件下的耐磨、减摩性能是金属材料无法比拟的，甚至自身即可作为固体润滑剂；具有优良的电绝缘性，可与陶瓷媲美；同时具有较好的耐蚀性，化学稳定性好，对一般的酸、碱、盐及油脂有较好的耐腐蚀性；导热系数小，如泡沫塑料的导热系数约为金属的 1/1500，是理想的绝热材料；但是高分子材料易老化，在光、空气、热及环境介质的作用下，分子结构会产生变化，力学性能变差，寿命缩短；且耐热性差，易燃，塑料不仅可燃，而且燃烧时发烟，产生有毒气体。

高分子材料有多种分类方式，通常按来源可分为天然高分子材料和合成高分子材料。天然高分子一般是指存在于动植物及生物体内的高分子物质，有天然树脂、天然纤维、天然橡胶、动物胶等。合成高分子材料主要是指塑料、合成橡胶和合成纤维三大合成材料，另外还有胶黏剂、涂料以及各种功能性高分子材料等。合成高分子材料由于合成原料纯度高、合成效率高等因而具有天然高分子材料所没有的或较为优越的性能，如较小的密度、较好的力学、耐腐蚀性、电绝缘性及功能性等。

高分子材料通常还可以按其使用特性分为塑料、橡胶、纤维、高分子胶黏剂、高分子涂料等。

(1) 塑料是以合成树脂或改性后的天然高分子为主要成分，加入填料、增塑剂及其他添加剂制得。其分子间次价力、模量和形变量等价于橡胶和纤维之间。按照特性通常可分为热固性塑料和热塑性塑料；按用途又分为通用塑料和工程塑料。

(2) 橡胶是一类线型柔性高分子聚合物。其分子链间键合力小，分子链柔性好，外力作用下可产生较大的形变，除去外力后能迅速恢复原状。通常可分为天然橡胶和合成橡胶两种。

(3) 纤维一般为结晶聚合物，次价力大、形变能力小、模量高，可分为天然纤维和化学纤维。如蚕丝、棉、麻、毛为天然纤维，而以天然高分子或合成高分子为原料，经过纺丝和后处理可制得化学纤维。

(4) 胶黏剂是以合成天然高分子化合物为主体通过合成制成的材料。通常也分为天然和合成胶黏剂两种。合成胶黏剂因其性能好而应用范围广。

(5) 高分子涂料是以聚合物为主要成膜物质，添加溶剂和各种添加剂制得。根据成膜物质不同，分为油脂涂料、天然树脂涂料和合成树脂涂料。另外还有以高分子基为主，添加各种增强材料制得的复合材料，它既拥有基础材料的性能特点，又可根据需要进行材料改性和设计。

高分子材料按照材料应用功能还可以分为通用高分子材料、特种高分子材料和功能高分子材料三大类。通用高分子材料一般指能规模化生产，并可普遍应用于人们日常生活、建筑、交通运输、农业基础工业等国民经济主要领域。提高其使用性能、扩大其在电子、信息、航空航天等国民经济各个领域的应用一直是通用高分子材料的主要发展方向。特种高分子材料又称为先进高分子材料，主要是一类具有优良机械强度和耐热性能的高分子材料，如聚碳酸酯、聚酰亚胺、聚醚醚酮等材料，因性能优良已广泛应用于各类工程材料上。功能高分子材料是指具有特定的功能作用，可做功能材料使用的高分子化合物，包括功能性分离膜、导电材料、医用高分子材料、液晶高分子材料等。已实用的有高分子信息转换材料、高分子透明材料、高分子模拟酶以及医用、药用高分子材料等。

2.4.1 塑料

塑料是以单体为原料，通过加聚或缩聚反应聚合而成的高分子化合物（Macromolecules），其抗形变能力中等，介于纤维和橡胶之间，由合成树脂及填料、增塑剂、稳定剂、润滑剂、色料等添加剂组成。塑料分子结构一般有两种类型：一种是线型结构，具有这种结构的高分子化合物称为线型高分子化合物，线型结构高分子材料加热能熔融，硬度和脆性较小；另一种是体型结构，具有这种结构的高分子化合物称为体型高分子化合物，体型结构硬度和脆性较大。有些高分子带有支链，称为支链高分子，属于线型结构。有些高分子虽然分子间有交联，但交联较少，称为网状结构，属于体型结构。两种不同的结构，表现出两种相反的性能。塑料根据加热后的情况一般分为热塑性塑料和热固性塑料，由线型高分子制成的是热塑性塑料，由体型高分子制成的是热固性塑料。

热塑性塑料是一类在一定温度下具有可塑性，冷却后固化且能重复这种过程的塑料。热塑性塑料主要是线型高分子化合物，一般情况下不具有活性基团，受热不发生线型分子间交联。主要的热塑性塑料有聚乙烯、聚丙烯、聚苯乙烯、聚甲基丙烯酸甲酯、聚氯乙烯、尼龙、聚碳酸酯、聚氨酯、聚四氟乙烯、聚对苯二甲酸乙二醇酯等。而加热后固化、形成交联不熔结构的塑料称为热固性塑料，热固性塑料具有较好的机械强度、较高的使用温度和较佳的尺寸稳定性。许多热固性塑料是工程塑料，并且因为交联程序而具有不定型结构，常见的有环氧树脂、酚醛塑料、聚酰亚胺、三聚氰胺甲醛树脂等。塑料的加工方法包括注射、挤出、膜压、热压、吹塑等。

塑料的主要成分是树脂。树脂是指尚未和各种添加剂混合的高分子化合物。树脂这一名词最初是由动植物分泌出的脂质而得名，如松香、虫胶等。塑料的基本性能主要决定于树脂的本性，但添加剂也起着重要作用。有些塑料基本上是由合成树脂所组成，不含或少含添加剂，如有机玻璃、聚苯乙烯等。多数塑料质轻，化学性质稳定，不会锈蚀；耐冲击性好；具有较好的透明性和耐磨耗性；绝缘性好，导热性低；一般成型性、着色性好，加工成本低；大部分塑料耐热性差，热膨胀率大，易燃烧；尺寸稳定性差，容易变形；多数塑料耐低温性差，低温下变脆，容易老化。

塑料的不同性能决定了其在生活和工业中的不同用途，随着技术的进步，对塑料的改性一直没有停止过研究。希望不远的将来，通过改性后的塑料可以有更广泛的应用，甚至可代替钢铁等材料并对环境不再有污染。

2.4.2 橡胶

橡胶（rubber）是指具有可逆形变的高弹性聚合物材料，在室温下富有弹性，在很小的外力作用下能产生较大形变，除去外力后能恢复原状。橡胶属于完全无定型聚合物，它的玻璃化转变温度 T_g 比较低，分子量往往很大，一般为几十万。橡胶的分子结构一般有三种。

(1) 线型结构：未硫化橡胶的普遍结构。由于其分子量很大，在无外力施加的情况下，大分子链会呈现出明显的无规卷曲线团状；而当外力作用撤除，这种无规线团的卷曲度会发生变化，分子链发生反弹，有强烈的恢复原来结构的倾向，这便是橡胶高弹性的由来。

(2) 支链结构：大分子链支链聚集之后形成的凝胶。由于炼胶时，各种配合剂（添加剂）往往进不了凝胶区，不能形成补强和交联，会产生薄弱部位，从而对橡胶的性能和加工都会产生一定的不良影响。

(3) 交联结构：具有线型结构的分子通过一些原子或原子基团的架桥而彼此交联起来，形成三维网状结构，随着硫化历程的进行，这种网状结构不断加强，链段的自由活动能力下降，塑性和伸长率下降，而弹性和硬度上升，压缩永久变形和溶胀度下降。

橡胶一般按照原材料来源可分为天然橡胶与合成橡胶两种。天然橡胶是从橡胶树、橡胶草等植物中提取胶质后加工制成；合成橡胶则由各种单体聚合反应而得。按形态分为块状生胶、乳胶、液体橡胶和粉末橡胶。乳胶为橡胶的胶体状水分散体；液体橡胶为橡胶的低聚物，未硫化前一般为黏稠的液体；粉末橡胶是将乳胶加工成粉末状，以利配料和加工制作。按性能和用途又分为通用型和特种型两类。橡胶制品因其优良的特性广泛应用于工业、汽车、农林水利、军事国防、土木建筑、医疗卫生、通信以及人们生活等方方面面。

天然橡胶（NR）的主要成分是顺-1,4-聚异戊二烯，其成分中91%~94%是橡胶烃（顺-1,4-聚异戊二烯），另外夹杂些蛋白质、脂肪酸、糖类、灰分等非橡胶类物质。橡胶一词来源于印第安语 cau-uchu，意为“流泪的树”，天然橡胶就是由三叶橡胶树割胶时流出的胶乳经凝固、干燥后而制得，天然橡胶的消耗量一般占1/3。天然橡胶是由胶乳制造的，胶乳中所含的非橡胶成分有一部分就留在固体的天然橡胶中。一般天然橡胶中含橡胶烃92%~95%，而非橡胶烃占5%~8%。由于产地不同、制法不同、采胶气候季节等有差异，这些成分的比例可能略有差异，但大部分都在以上范围。成分中的蛋白质可以促进橡胶的硫化，延缓老化，但是另一方面，蛋白质有较强的吸水性，可引起橡胶吸潮发霉、绝缘性下降，蛋白质还有增加生热性的缺点。丙酮抽出物是一些高级脂肪酸及固醇类物质，其中有一些起天然防老剂和促进剂作用，还有的能帮助粉状配合剂在混炼过程中分散并对生胶起软化作用。灰分中主要含磷酸镁和磷酸钙等盐类，另外还含有很少量的铜、锰、铁等金属化合物，由于这些变价金属离子可能会促进橡胶老化，所以应控制其含量（质量分数）。干胶中的水分不超过1%，在加工过程中可以挥发。水分含量（质量分数）过多时，不但会使生胶储存过程中易发霉，而且还会影响橡胶的加工，如混炼时配合剂易结团；压延、压出过程中易产生气泡，硫化过程中产生气泡或呈海绵状等。

合成橡胶又称为合成弹性体，是由人工合成的高弹性聚合物，合成橡胶在20世纪初开始生产，到40年代得到迅速的发展。合成橡胶一般在性能上不如天然橡胶全面，但它具有高弹性、绝缘性、耐油耐高温或低温等性能，因而广泛应用于工农业、国防、交通及日常生活中。合成橡胶是由不同单体在引发剂作用下经聚合而成的品种多样的高分子化合物，单体有苯乙烯、丙烯腈、丁二烯、异丁烯、氯丁二烯等多种。生产工艺大致可分为单体的合成和精制、聚合过程以及橡胶后处理三部分，聚合工艺通常有乳液聚合、溶液聚合、悬浮聚合、本体聚合四种。常见的工程橡胶有丁苯橡胶、顺丁橡胶、乙丙橡胶、氯丁橡胶、异戊橡胶等。

橡胶行业的产品种类繁多，是国民经济的重要基础产业之一。它不仅可以为交通、建筑、机械、电子等重工业提供各种橡胶制生产设备，还可以为人们提供日用、医用等轻工橡胶产品，应用前景十分广阔。

2.4.3 涂料

涂料，在中国传统名称为油漆。涂料一般是指涂覆在被保护或被装饰的物体表面，并能与被涂物形成牢固附着的连续薄膜，这样形成的膜通称涂膜，又称漆膜或涂层。通常是以树脂、油、乳液为主，添加或不添加颜料、填料，添加相应助剂，用有机溶剂或水配制而成的黏稠液体。涂料属于有机化工高分子材料，所形成的涂膜属于高分子化合物类型。现代的涂料正在逐步成为一类多功能性的工程材料，是化学工业中的一个重要行业。涂料的作用主要有4点：保护作用、装饰美观作用、标志作用以及其他特殊作用。此外还有绝缘涂料、抗红外涂料及杀菌涂料等。

涂料一般包括4种基本成分：成膜物质（树脂、乳液）、颜料（包括体质颜料）、溶剂（用于稀释涂料）和添加剂（助剂）。

(1) 成膜物质是涂膜的主要成分，包括油脂、油脂加工产品、纤维素衍生物、天然树脂、合成树脂和合成乳液等。成膜物质还包括部分不挥发的活性稀释剂，它是使涂料牢固附着于被涂物面上形成连续薄膜的主要物质，是构成涂料的基础，决定着涂料的基本特性。

(2) 颜料一般分两种，一种为着色颜料，常见的钛白粉、铬黄等。还有一种为体质颜料，也就是常说的填料，如碳酸钙、滑石粉。

(3) 溶剂包括烃类溶剂（矿物油精、煤油、汽油、苯、甲苯、二甲苯等）、醇类、醚类、酮类和酯类物质。溶剂和水的主要作用在于使成膜基料分散而形成黏稠液体，它有助于施工和改善涂膜的某些性能。

(4) 添加剂有增塑剂、稳定剂、消泡剂、流平剂等，还有一些特殊的功能助剂，如底材润湿剂等。这些助剂一般不能成膜并且添加量少，但对基料形成涂膜的过程与耐久性起着相当重要的作用。

根据涂料中使用的主要成膜物质可将涂料分为油性涂料、纤维涂料、合成涂料和无机涂料；按涂料或漆膜性状可分溶液、溶胶、乳胶、粉末、有光、消光涂料等。酚醛树脂涂料是应用最早的一种，有清漆、绝缘漆、地板漆等。醇酸树脂涂料也是应用广泛的一种涂料，其涂膜光亮、耐久性好，适合做底漆。还有聚氨酯涂料、有机硅涂料等。

高分子材料发展迅速，正向功能化、智能化、绿色环保化等方向发展，人们积极探索和研发性能优异的新型高分子材料，提高其使用性能以满足不断发展的工业和民用需求。

2.5 复合材料

随着现代工业的快速发展以及新型高科技的进步，对材料性能的要求越来越高。单一金属、陶瓷及高分子材料达不到既定的性能需求，为了将不同性能的材料复合起来，实现性能要求，因此研发出了复合材料。

复合材料是人们运用先进的材料制备技术将不同性质的材料组分优化组合而成的新材料。复合材料可以是金属与金属之间、金属与非金属之间或者非金属与高分子材料之间等进行复合，使材料既具有原有材料的基本性能，又具有复合后赋予的新性能。复合现在已然成为材料改性的常用办法，新型复合材料的研发也越来越广泛。

一般定义复合材料需满足以下4个条件：

(1) 复合材料必须是人造的，是根据需要人为设计制造的材料。

(2) 复合材料必须由两种或两种以上化学、物理性质不同的材料组分，以所设计的形式、比例、分布组合而成，各组分之间有明显的界面存在。

(3) 具有结构可设计性，可进行复合结构设计。

(4) 不仅保持各组分材料性能的优点，而且通过各组分性能的互补和关联可以获得单一组成材料所不能达到的综合性能。

复合材料的种类很多，按照基体材料可分为金属基复合材料和非金属基复合材料两大类。常用的金属基体材料有铝、镁、铜、钛及其合金。非金属基复合材料又可分为无机非金属基和有机材料基复合材料，如陶瓷基、树脂基、橡胶基等。另外可按照增强材料分为三类：

(1) 纤维增强复合材料，将各种纤维增强体（玻璃纤维、碳纤维、硼纤维、芳纶纤维等）置于基体材料内复合而成，如纤维增强塑料、纤维增强金属、纤维增强陶瓷等。

(2) 粒子增强复合材料，将硬质细粒均匀分布于基体中，如弥散强化合金、金属陶瓷等。

(3) 叠层复合材料，由性质不同的表面材料和芯材组合而成。通常面材强度高、薄；芯材质轻、强度低，但具有一定刚度和厚度。复合材料还可分为结构复合材料和功能复合材料两大类。结构复合材料是作为承力结构使用的材料，基本上由能承受载荷的增强体组元与能连接增强体成为整体材料同时又起传递力作用的基体组元构成，结构复合材料的特点是可根据材料在使用中受力的要求进行组元选材设计，更重要的是还可进行复合结构设计，即增强体排布设计，能合理地满足需要并节约用材；功能复合材料一般由功能体组元和基体组元组成，基体不仅起到构成整体的作用，而且能产生协同或加强功能的作用。功能复合材料是指除力学性能以外而提供其他物理性能的复合材料。如：导电、超导、磁性、压电、阻尼、屏蔽、阻燃、隔热等凸显某一功能，统称为功能复合材料。多功能协同是功能复合材料的发展方向。

复合材料是一种混合物，种类很多，性能优异，在很多领域都发挥了很大的作用，归纳不同种类的复合材料均具有一些相同的性能特点：

(1) 比强度和比模量高。比强度和比模量是衡量材料承载能力的重要指标，比强度越高，同一强度下，自重越小；比模量越大，零件的刚度越大。如碳纤维复合材料的比强度可达钢的 14 倍，是铝的 10 倍，而比模量则超过钢和铝的 3 倍。碳纤维复合材料这一特性使得材料的利用效率大为提高。

（2）良好的抗疲劳性能。复合材料中的增强体特别是纤维与基体的界面可有效阻止疲劳裂纹扩展并改变裂纹扩展方向。有实验表明，碳纤维增强复合材料的疲劳极限可达抗拉强度的 70%~80%，而金属材料只有其抗拉强度的 40%~50%。

（3）破断安全性好。

（4）优良的高温性能。许多纤维增强材料在高温下仍能保持高的强度，制备纤维增强复合高分子材料可显著提高耐高温性能。

（5）减震性能好。

（6）减摩、耐磨自润滑性能好。

2.5.1 金属基复合材料

金属基复合材料（Metal Matrix Composite，MMC）是指以金属及其合金为基体、一种或几种金属或非金属为增强相、人工合成的复合材料。金属基复合材料相对于传统的金属材料来说，具有较高的比强度与比刚度；而与树脂基复合材料相比，它又具有优良的导电性与耐热性；与陶瓷基材料相比，它又具有高韧性和高冲击性能。

铝基复合材料是金属基复合材料中应用得最广的一种。由于铝的基体为面心立方结构，因此具有良好的塑性和韧性，再加之它所具有的易加工性、工程可靠性及价格低廉等优点，为其在工程上应用创造了非常有利的条件。铝基复合材料的增强体主要有 3 种：长纤维、晶须和颗粒；基体主要有纯铝及其合金。基体合金的种类较多，主要有两大类：变形合金和铸造合金。其应用非常广泛，如硼-铝复合材料可用作中子屏蔽材料，还可用来制造废核燃料的运输容器和储存容器；碳纤维增强铝基复合材料用在飞机上，如将它使用在 F-15 战斗机上，能使质量减轻 20%~30%。氧化铝纤维增强铝基复合材料最成功的应用是用来制造柴油发动机的活塞。

镁、镁合金及镁基复合材料的密度一般小于 1.8g/cm^3，仅为铝或铝基复合材料的 66%左右，是密度最小的金属基复合材料之一，而且具有更高的比强度、比刚度以及优良的力学和物理性能。SiC、B_4C 纤维、晶须、颗粒等是镁基金属基复合材料的合适增强体。SiC 晶须增强镁基 MMC 常用于制造齿轮，SiC 颗粒增强镁基 MMC 耐磨性好，可用于制造油泵的壳体、止推板、安全阀等。

2.5.2 非金属基复合材料

无机非金属材料基复合材料主要包括陶瓷基复合材料（CMC）、碳基复合材料、玻璃基复合材料和水泥基复合材料等。无机非金属材料基复合材料目前产量还不大，但陶瓷基复合材料和碳基复合材料是耐高温及高力学性能的首选材料。

碳碳复合材料是用碳作为基体、用碳纤维增强的复合材料。从光学显微镜尺度来看，碳碳复合材料由碳纤维、基体碳、碳纤维/基体碳界面层、纤维裂纹和孔隙4部分构成。碳碳复合材料密度只有1.3g/cm^3，具有较高的比强度。其强度与模量可依据用途在较大范围内调节。普通碳碳复合材料的强度可以高达450MPa，连续纤维材料的强度为600MPa，先进碳碳复合材料的强度可以高达2100MPa。典型的模量值在125~175GPa的范围内。就高温强度而言，碳碳复合材料是2000℃以上最强的材料，更可贵的是，温度越高，碳材料的强度越高。但高温氧化是其弱点，基体与纤维界面的氧化更甚。碳碳复合材料已发展成为核能和航空航天飞行器中不可缺少的关键材料，如飞机刹车片。利用它的生物相容性和低维性，还可以制造人造肢体。

无机胶凝复合材料：以混凝土或水泥砂浆为基体，在其中掺入纤维形成的复合材料，称为纤维水泥与纤维混凝土。纤维种类包括金属纤维（如不锈钢纤维、低碳钢纤维）、无机纤维（如玻璃纤维、硼纤维、碳纤维）、合成纤维（如尼龙、聚酯、聚丙烯等纤维）、植物纤维（如竹、麻纤维）。由于钢纤维能有效提高混凝土的韧性与强度，能成批生产，价格便宜，施工方便，一直是研究和应用的重点。

2.5.3 高分子基复合材料

聚合物基复合材料（PMC）是复合材料中研究最早、发展最快的一类复合材料。在现代复合材料领域中占有重要的地位，在国民经济建设中发挥了越来越重要的作用。PMC是用短切的或连续纤维及其织物增强热固性或热塑性树脂基体，经复合而成。树脂基复合材料（resin matrix composite）、纤维增强塑料（fiber reinforced plastics）是目前技术比较成熟且应用较为广泛的一类复合材料。

碳纤维增强塑料是火箭和人造卫星较好的结构材料。因为它不但强度高，而且具有良好的减振性，一般用于制造火箭和人造卫星的机架、壳体、无线构架。用它制造的人造卫星和火箭的飞行器，不仅机械强度高，而且重量比金属轻一半，这意味着可以节省大量的燃料。

玻璃纤维增强聚碳酸酯已应用于机械工业和电气工业方面。玻璃纤维增强聚酯，主要用于制造电器零件，特别是那些在高温、高机械强度条件下使用的部件，例如印制电路板、各种线圈骨架、电视机的高压变压器、硒整流器、集成电路罩壳等。

玻璃纤维增强聚丙烯的电绝缘性良好，用它可以制作高温电气零件。由于它的各方面性能均超过了一般的工程塑料，而且价格低廉，因而它不但进入了工程塑料的行列，而且在某些领域中还代替金属使用，主要应用于汽车、电风扇、洗衣机零部件、油泵阀门、管件、泵件等。

3 毕 业 实 习

3.1 毕业实习的意义

通过毕业实习了解材料制备、改性、器件组装、回收等相关企业的生产组织、设备系统、生产原理和工艺以及运行方式和流程，将所学过的知识与生产实际联系起来，巩固和扩大知识面。同时，加强学生由学校学习生活向社会企业、事业单位等工作环境过渡转换的能力，使毕业生更好地适应毕业后进入工作生活方式和环境。

3.2 毕业实习的主要内容

(1) 了解企业厂区和车间布置以及生产组织及技术经济管理，学习安全生产规程并通过考试。

(2) 熟悉企业生产工艺和原理，运行控制及监测方法，并能与自身所学的专业知识相结合，了解本专业在生产各环节中的应用。

(3) 了解企业的技术革新和实验室的研究工作。

(4) 认识了解企业的企业文化和作用。

(5) 了解技术人员的工作思路和工作环境，熟悉工作状态等。在实习时，要虚心向现场工程技术人员和工人师傅学习，提出问题，弄懂问题。

(6) 撰写实习报告。实习中要留心观察，勤于记录，搜集资料。

3.3 毕业实习守则

(1) 严格遵守劳动纪律，不迟到、不早退，上班时间不得擅离岗位，不得做与实习无关的事情。

(2) 严格遵守生产企业安全规程，不得擅自触摸各类设备，注意人身安全。

(3) 严格遵守生产企业各种规章制度。

(4) 尊敬现场工程技术人员和工人师傅，尊敬师长，搞好和维护好厂校关系。

4 储能材料和器件的生产与回收

4.1 铅酸电池生产与回收工艺

4.1.1 铅酸电池概述

法国人普兰特于1859年发明铅酸蓄电池，至今已有一个半世纪以上的发展历程，铅酸蓄电池在理论研究、产品种类及产品性能等方面都得到了长足进步。铅酸蓄电池已广泛应用于国民经济的各个领域，例如在交通、通信、电力、军事、航海、航空及各个经济领域，铅酸蓄电池都起到了不可缺少的重要作用。根据结构与用途区别，铅酸蓄电池可粗略分为4大类：

（1）启动用铅酸蓄电池。

（2）动力用铅酸蓄电池。

（3）固定型阀控密封式铅酸蓄电池。

（4）其他，包括小型阀控密封式铅酸蓄电池、矿灯用铅酸蓄电池等。

一个单格铅酸电池的标称电压是2.0V，能放电到1.5V，充电到2.4V。在应用中，经常用6个单格铅酸电池串联组成标称12V的铅酸电池组，此外还有24V、36V、48V等规格。

4.1.1.1 铅酸电池工作原理

铅酸蓄电池放电反应的总反应式为：

$$Pb + PbO_2 + 2H_2SO_4 = 2PbSO_4 + 2H_2O \tag{4-1}$$

铅酸电池充电反应为：

$$2PbSO_4 + 2H_2O = Pb + PbO_2 + 2H_2SO_4 \tag{4-2}$$

由于铅酸蓄电池的正负极反应是分开进行的，因此，放电时负极上的反应为：

$$Pb + H_2SO_4 - 2e = PbSO_4 + 2H^+ \tag{4-3}$$

而正极在放电时，四价铅得到电子，被还原成二价铅，反应式为：

$$PbO_2 + H_2SO_4 + 2H^+ + 2e = PbSO_4 + 2H_2O \tag{4-4}$$

铅酸电池在充电时，负极上硫酸铅中的二价铅被还原成铅，硫酸析出，进入电解液。

放电时，铅蓄电池内的阳极（PbO_2）及阴极（Pb）浸到电解液（稀硫酸）中，两极间会产生2V的电压。总结起来，铅酸电池充放电过程中发生的变化如下：

（1）放电中的化学变化：蓄电池连接外部电路放电时，稀硫酸即会与阴、阳极板上的活性物质产生反应，生成新化合物硫酸铅。经由放电硫酸成分从电解液中释出，放电越久，硫酸浓度越稀薄。所消耗之成分与放电量成比例，只要测得电解液中的硫酸浓度，亦即测其比重，便可得知放电量或残余电量。

（2）充电中的化学变化：由于放电时在阳极板，阴极板上所产生的硫酸铅，会在充电时被分解还原成硫酸、铅及二氧化铅，因此电池内电解液的浓度逐渐增加，亦即电解液之比重上升，并逐渐回复到放电前的浓度，这种变化显示出蓄电池中的活性物质已转换到可以再度供电的状态，当两极的硫酸铅被转变成原来的活性物质时，即等于充电结束，而阴极板就产生氢，阳极板则产生氧，充电到最后阶段时，电流几乎都用在水的电解，因而电解液会减少，此时应向电池中补充纯水。

当铅酸蓄电池发生过充时，充电电流只被用来分解电解液中的水，此时，电池正极产生氧气，负极产生氢气，气体会从蓄电池中溢出，造成电解液减少。另一方面，充电末期或过充条件下，充电能量被用来分解水，正极产生的氧气与负极的海绵状铅反应，使负极的一部分处于未充满状态，抑制负极氢气的产生。

4.1.1.2　铅酸电池结构

阀控式密封铅酸蓄电池（VRLA）的结构包括正负极板、汇流排、正负极柱、安全阀、电解液、电池槽和电池盖等主要组成部分。具体结构如图4-1和表4-1所示，具体的部件如下所述。

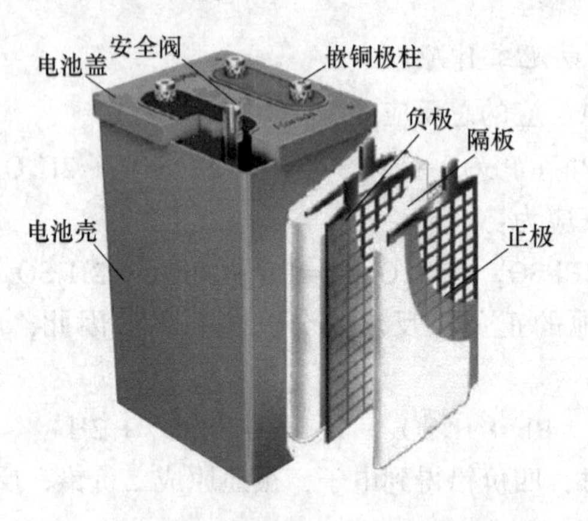

图4-1　铅酸电池结构示意图

扫一扫查看彩图

表 4-1 铅酸电池主要部件和作用

构成组件	材料	作用
正极	正极为铅-锑-钙合金栏板，内含氧化铅为活性物质	保证足够的容量； 长时间使用中保持蓄电池容量，减小自放电
负极	负极为铅-锑-钙合金栏板，内含海绵状纤维活性物质	保证足够的容量； 长时间使用中保持蓄电池容量，减小自放电
隔板	先进的多微孔 AGM 隔板保持电解液，防止正极与负极短路	防止正负极短路； 保持电解液； 防止活性物质从电极表面脱落
电解液	在电池的电化学反应中，硫酸作为电解液传导离子	离子能在电池正负极活性物质间转移； 参与电化学反应
外壳和盖子	在没有特别说明情况下，外壳和盖子为 ABS 树脂	提供电池正负极组合栏板放置的空间
安全阀	材质为具有优质耐酸和抗老化的合成橡胶	电池内压高于正常压力时释放气体，保持压力正常，阻止外部气体进入
端子	根据电池的不同，正负极端子可为连接片、棒状、螺柱或引出线	密封端子有助于大电流放电和长的使用寿命

（1）正、负极板：阀控式密封铅酸蓄电池的正、负极板由板栅和活性物质两部分组成。板栅一般制成网格状，其主要作用是起到支撑活性物质和实现导电功能，但不参与化学反应。活性物质是阀控式密封铅酸电池的核心材料，通过可逆电化学反应实现能量的转化与存储。正、负极板的性能直接决定了蓄电池性能的好坏，一般电池中正、负极活性物质的配比是负极过量，以防止充电过程中负极析出氢气。

（2）隔板：隔板是隔离铅酸蓄电池正、负极材料的隔离材料。它的作用是保证电池的正、负极不会直接接触，防止发生短路而烧坏蓄电池。此外，隔板还具有存储电解液的作用，是电解液水和硫酸的载体，具有好的电解液保持能力、高孔率、较低的电阻和良好的化学稳定性等特点，在电池充电过程中可以为正极板上产生的氧提供到达负极的通道。目前，阀控式密封铅酸蓄电池隔板通常采用超细玻璃纤维棉（AGM）隔板。

（3）正、负极柱：铅酸蓄电池的正负极柱是电池的外电路输出地，根据实用要求可以制成棒状、方形柱状等。通常还要采用焊接或者黏结剂的方式使得蓄电池端子密封。

(4) 安全阀：也叫排气阀，当铅酸蓄电池内部压力大于一定预设值时，安全阀自动开启排气，释放压力，当蓄电池内部气压低于闭阀压力时，安全阀自动关闭，从而维持蓄电池内部压力大小，并且阻碍外部气体进入蓄电池内部。

(5) 电解液：铅酸蓄电池的电解液一般是硫酸溶液，其主要作用是参与正、负极的电化学反应以及传导电流，使得离子可以在正极和负极活性物质之间转移。阀控式密封铅酸蓄电池 VRLA 一般采用贫液式设计，即电解液完全被吸附在极板和玻璃纤维隔板中，没有流动的电解液，同时玻璃纤维或胶体中存在微孔，使正极析出的氧气能快速扩散到负极上被还原。

(6) 电池槽和电池盖：铅酸电池的塑料外壳包括电池槽和电池盖，其主要作用是存放电解液和支撑极群，另一方面还能保护蓄电池免受外界的各种机械作用、热作用及腐蚀等。铅酸蓄电池常用的塑料外壳材料为聚丙烯（PP）和丙烯酸-苯乙烯共聚物（ABS），富液电池主要用透明的丙烯腈-苯乙烯树脂（AS）。为了提高电池塑料外壳的阻燃能力，通常添加阻燃添加剂。

4.1.1.3 铅酸电池的充电方法

铅酸蓄电池的充电方法有很多，在实际情况下会根据不同的使用环境和要求，选择合适的充电方法。

A 恒定电流充电法

在充电过程中充电电流始终保持不变，也可简称恒流充电法或等流充电法。在充电过程中由于蓄电池电压逐渐升高，充电电流逐渐下降，为保持充电电流不致因蓄电池端电压升高而减小，充电过程必须逐渐升高电源电压，以维持充电电流始终不变，这对于充电设备的自动化程度要求较高。恒流充电法一般在蓄电池最大允许的充电电流情况下进行，充电电流越大，充电时间就越短。若从时间上考虑，采用此法有利。但在充电后期若充电电流仍不变，这时由于大部分电流用于电解水上，电解液出气泡过多而显沸腾状，这不仅消耗电能，而且容易使极板上活性物质大量脱落，温升过高，造成极板弯曲，容量迅速下降而提前报废。所以，这种充电方法很少采用。

B 恒定电压充电法

恒定电压充电法是指在充电过程中充电电压始终保持不变，也可简称恒压充电法或等压充电法。由于恒压充电开始至后期，电源电压始终保持一定，所以在充电开始时充电电流相当大。但随着充电的进行，蓄电池端电压逐渐升高，充电电流逐渐减小。当蓄电池端电压和充电电压相等时，充电电流减至最小甚至为零。由此可见，采用恒压充电法的优点在于，可以避免充电后期充电电流过大而造成极板活性物质脱落和电能的损失。但其缺点是，在刚开始充电时，充电电流过大，电极活性物质体积变化收缩太快，影响活性物质的机械强度，致使其脱落。而在充电后期充电电流又过小，使极板深处的活性物质得不到充电反应，形成长期充电不足，影响蓄电池的使用寿命。所以这种充电方法一般只适用于无配电设备或充电设备较简陋的特殊场合，如汽车上蓄电池的充电，1 号~5 号干电池式的小蓄电池的充电均采用等压充电法。采用等压充电法给蓄电池充电时，所需电源电压：酸性蓄电池每个单体电池为 2.4~2.8V 左右，碱性蓄电池每个单体电池为 1.6~2.0V 左右。

C 有固定电阻的恒定电压充电

为补救恒定电压充电的缺点而采用的一种方法。即在充电电源与电池之间串联一电阻，这样充电初期的电流可以调整。但有时最大充电电流受到限制，因此随充电过程的进行，蓄电池电压逐渐上升，电流却几乎成直线衰减。有时使用两个电阻值，约在 2.4V 时，从低电阻转换到高电阻，以减少出气。

D 阶段等流充电法

综合恒流和恒压充电法的特点，蓄电池在充电初期用较大的电流，经过一段时间改用较小的电流，至充电后期改用更小的电流，即不同阶段内以不同的电流进行恒流充电的方法，叫作阶段恒流充电法。阶段恒流充电法，一般可分为两个阶段进行，也可分为多个阶段进行。

阶段等流充电法所需充电时间短，充电效果也好。由于充电后期改用较小电流充电，这样减少了气泡对极板活性物质的冲刷，减少了活性物质的脱落。这种充电法能延长蓄电池使用寿命，并节省电能，充电又彻底，所以是当前常用的一种充电方法。一般蓄电池第一阶段以 10h 率电流进行充电，第二阶段以 20h 率电流进行充电。各阶段充电时间的长短，各种蓄电池的具体要求和标准不一样。

E 浮充电法

间歇使用的蓄电池或仅在交流电停电时才使用的蓄电池，其充电方式为浮充电法。一些特殊场合使用的固定型蓄电池一般均采用浮充电方法对蓄电池进行充电。浮充电法的优点主要在于能减少蓄电池的析气率，并可防止过充电，同时由于蓄电池同直流电源并联供电，用电设备大电流用电时，蓄电池瞬时输出大电流，这有助于镇定电源系统的电压，使用电设备用电正常。浮充电法的缺点是个别蓄电池充电不均衡和充不足电，所以需要进行定期的均衡充电。

在实际工作过程中，有时需要选择快速充电方法，铅酸电池快速充电方法包括以下几种：

(1) 定电流定周期快速充电法。这种方法的特点是以电流幅度恒定和周期恒定的脉冲充电电流对蓄电池充电，两个充电脉冲之间有一放电脉冲进行去极化，以提高蓄电池的充电接受能力。在充电过程中，充电电流及其脉宽不受蓄电池充电状态的影响。因此，它是一种开环式脉冲充电。这种充电方法易使蓄电池充满容量，但如果不增加防止过充电的保护装置，容易造成强烈地过充电，影响蓄电池的使用寿命。在这种充电方法中，虽然整个充电过程均加有去极化措施，但是这种固定的去极化措施，难以适合充电全过程的要求。

(2) 定电流定出气率脉冲充电放电去极化快速充电法。这种充电方法的特点是在整个充电过程中，充电电流脉冲的幅值和蓄电池的出气率始终保持不变。充电过程初期，充电电流略低于蓄电池的初始接受电流。在充电过程中，由于蓄电池可接受的电流逐渐减小，所以经过一段时间后，充电电流将超过蓄电池的可接受电流，因而蓄电池内将产生较多的气体，出气率显著增加。此时，气体检测元件能够及时发出控制信号，迫使蓄电池停止充电，进行短时放电。这样蓄电池内部的极化作用很快消失，因而出气率可以始终保持在较低的预定值内。

(3) 定电流定电压脉冲充电放电去极化快速充电法。这种充电方法的特点是以恒定大电流充电，待充到一定电压（相当于蓄电池出气点的电压）时，停止充电并进行大电流（或小电流）放电去极化，然后再以恒定大电流充电，依此，充放电过程交替地进行。放电脉冲的频率随充入电量的增加而增加，充电脉冲的宽度随充入电量的增加而减少。当充电量和放电量基本相等时，表示蓄电池已充满电，立即结束充电。

根据这种方法，国内外都有多种方案来实现蓄电池快速充电。这种方法，充电初期无去极化措施，在加有去极化措施后充电脉冲宽度不断减小，使得充电电流平均值下降较快，延长了充电时间。

(4) 定电流提升电压脉冲充电放电去极化快速充电法。这种方法是定电流定电压脉冲充电放电去极化快速充电方法的改进。它是以恒定电流（如1C）充电，当蓄电池电压达到充电出气点电压后（单格电池电压2.35~2.5V）时，停止充电并进行放电（如放电电流2~3C，脉冲宽度为1ms），然后再充电。从加有放电去极化脉冲以后，用积分器件阶梯性跟踪调高充电控制电压（提升出气点电压），以加快充电速度和提高充满程度。其他和定电流定电压法相同。

(5) 定电压定频率脉冲充电放电去极化快速充电法。这种方法的特点是充电脉冲的电压幅值保持恒定，随着充电过程的进行，蓄电池电动势逐渐上升，充电电流幅值逐渐减小，充电脉冲电流的频率恒定，在两个充电脉冲之间加有放电去极化脉冲。

(6) 端电压和充放电频率选择脉冲充电放电去极化快速充电法。这种方法的特点是根据蓄电池充电过程中的极化情况选择充放电脉冲的频率，并在充电后期将蓄电池端电压限定在预选的数值，使出气率限制在一定的容许值。

(7) 适应全过程去极化脉冲充电放电去极化快速充电法。这种方法的特点是在充电全过程都适时加有去极化的放电脉冲，在放电脉冲后充电电流恢复之前，均进行去极化效果检测，达到一定去极化效果再转回充电，否则再次进行去极化放电，直至达到去极化要求的效果才转回充电，这样，可使去极措施适应全过程。这种方案能有效地将气体析出量抑制在很小的数值内。

常规充电方法的缺点就是充电时间长、效率低、出气量大、蓄电池的利用周转率低、充电管理制度繁杂等。这种充电制度的落后性与蓄电池应用的广泛性是存在着一定矛盾的。为此，在充电领域内，必须加强对充电规律的认识和研究，逐步探讨一套既快又好的充电制度，以使蓄电池适应于各部门经济发展的需要和国防建设的需要。在一些特殊领域，还有较为特殊的充电方法，比如三阶段充电法。

三阶段充电法是两阶段等流充电法和恒定等压充电法相结合的方式。充电开始和结束时采用恒定电流，中间阶段为恒定电压充电。蓄电池在充电初期用较大的电流，经过一段时间改为恒定电压充电，当电流衰减到预定值时，由第二阶段转到第三阶段。采用三阶段充电法的优点是：避免了恒定电压充电法开始充电电流过大，而后期电流又过小的情况，比二阶段等流充电在中间阶段更接近充电电流接受率曲线。这种充电法减少了充电出气量，充电又彻底，能够延长蓄电池使用寿命。

4.1.2 铅酸电池制造工艺与分类

4.1.2.1 铅酸电池制造工艺

铅酸电池的制备工艺主要包括板栅制备、铅粉制备、合膏与涂板过程、化成过程、蓄电池的组装以及配酸、水净化、蒸汽、压缩空气等过程。下面将主要介绍板栅制备、铅粉制备、极极制备、化成过程和铅酸蓄电池的组装过程。

A 板栅制备

板栅是活性物质的载体，也是导电的集流体。普通开口蓄电池板栅一般用铅锑合金铸造，免维护蓄电池板栅一般用低锑合金或铅钙合金铸造，而密封阀控铅酸蓄电池板栅一般用铅钙合金铸造。

第一步：根据电池类型确定合金铅型号放入铅炉内加热熔化，达到工艺要求后将铅液铸入金属模具内，冷却后出模经过修整码放。

第二步：修整后的板栅经过一定的时效后即可转入下道工序。板栅主要控制参数：板栅质量、板栅厚度、板栅完整程度、板栅几何尺寸等。

B 铅粉制备

铅粉制造有岛津法和巴顿法，其结果均是将电解铅加工成符合蓄电池生产工艺要求的铅粉。铅粉的主要成分是氧化铅和金属铅，铅粉的质量与所制造的铅酸电池质量有非常密切的关系。在我国多用岛津法生产铅粉，而在欧美多用巴顿法生产铅粉。岛津法生产铅粉过程简述如下。

第一步：将化验合格的电解铅经过铸造或其他方法加工成一定尺寸的铅球或铅段。

第二步：将铅球或铅段放入铅粉机内，铅球或铅段经过氧化生成氧化铅。

第三步：将铅粉放入指定的容器或储粉仓，经过2~3天时效，化验合格后即可使用。

铅粉主要控制参数：氧化度、视密度、吸水量、颗粒度等。

C 极板制造过程

极板是蓄电池的核心部分，其质量直接影响着蓄电池各种性能指标。涂膏式极板生产过程简述如下。

第一步：将化验合格的铅粉、稀硫酸、添加剂用专用设备和制成铅膏。

第二步：将铅膏用涂片机或手工填涂到板栅上。

第三步：将填涂后的极板进行固化、干燥，即得到生极板。

生极板主要控制参数：铅膏配方、视密度、含酸量、投膏量、厚度、游离铅含量（质量分数）、水分含量（质量分数）等。

D 化成工艺过程

极板化成和蓄电池化成是蓄电池制造的两种不同方法，可根据具体情况选择。极板化成一般相对较容易控制、成本较高且环境污染需专门治理。蓄电池化成质量控制难度较大，一般对所生产的生极板质量要求较高，但成本相对低一些。阀控密封式铅酸蓄电池化成简述如下。

第一步：将化验合格的生极板按工艺要求装入电池槽密封。

第二步：将一定浓度的稀硫酸按规定数量灌入电池。

第三步：经放置后按规格大小通直流电，一般化成后需进行放电检查配组后入库。

电池化成主要控制参数：灌酸量、酸液密度、酸液温度、充电量和充电时间等。

E 蓄电池装配工艺

蓄电池装配对汽车蓄电池和阀控密封式铅酸蓄电池有较大的区别，阀控密封式铅酸蓄电池要求紧装配，一般用AGM隔板。而汽车蓄电池一般用PE、PVC或橡胶隔板。装配过程简述如下。

第一步：将化验合格的极板按工艺要求装入焊接工具内。

第二步：铸焊或手工焊接的极群组放入清洁的电池槽。

第三步：汽车蓄电池需经过穿壁焊和热封后即可。而阀控密封式铅酸蓄电池若采用 ABS 电池槽，需用专用黏合剂黏接。

电池装配主要控制参数：汇流排焊接质量和材料、密封性能、正极和负极性等。

4.1.2.2 铅酸电池分类与应用

A 铅酸电池的分类

铅酸电池的分类一般根据其用途来划分，主要类型有启动用蓄电池、固定型蓄电池、电动助力车用蓄电池、太阳能风能储能用铅酸蓄电池、船舶用蓄电池、牵引用蓄电池、铁路机车用蓄电池、矿灯用蓄电池、应急灯用蓄电池等类型。

在启动用蓄电池中，根据充电的失水情况，可分为免维护蓄电池、少维护蓄电池和开口式普通蓄电池。

根据铅酸电池中电解液处于游离态和吸附态，分为富液式蓄电池和贫液式蓄电池。在贫液式电池中，电解液吸附在玻璃纤维隔板中的蓄电池常设计成阀控密封式，称为阀控式蓄电池；电解液用 SiO_2 胶体固定的蓄电池称为胶体蓄电池。下面分别以传统铅酸蓄电池和阀控式密封铅酸蓄电池为例介绍其特点。

a 传统铅酸蓄电池的性能特点

(1) 传统铅酸蓄电池的主要优点有：

1) 安全性好、电池一致性高、单体电池容量大。

2) 工艺优势明显，传统铅酸蓄电池产业链结构完整，生产设备成熟、先进。

3) 价格便宜。

4) 循环经济效益很高，铅酸蓄电池可 100%回收，回收处理工艺技术成熟。

(2) 传统铅蓄电池的主要缺点包括：

1) 充电速度很慢，一般需要 8h 以上。

2) 由于铅的比重太大，因此比能量和比功率偏低。

3) 受正极铅膏软化、极板腐蚀、负极不可逆硫酸化等影响，循环寿命低。

4) 大电流脉冲放电性能差。

5) 过充电容易析出气体。

6) 回收处理过程不当会造成铅污染。

b 阀控式密封铅酸蓄电池性能特点

与传统的铅酸蓄电池相比，阀控式密封铅酸蓄电池（VRLA）有其自身特点：

(1) VRLA 电池的维护相对简单，无须补加水和调节酸的比重等。

(2) 电池的极板采用新型合金材料，提高了抗腐蚀能力，同时提高了 H_2 释放过电位，降低 H_2 的产生。电池的板栅采用无锑铅合金，电池的自放电系数很小，电池的隔板采用超细玻璃纤维，通过吸附使电解液沿隔板微孔扩散，使 O_2 很快流通到负极。

(3) 电池采用密封式阀控滤酸结构，使酸雾不能溢出，对环境无污染；采用阀控式密封结构，保证外部气体不能进入电池内部，防止火花引起蓄电池爆炸的危险，同时当电池内部压力超过限定值时，安全阀可自行开启，进行排气，低于限定值时，安全阀会自动关闭。

(4) 电池结构紧凑，内阻小，容量大，自放电小，放电性能优良，适合大电流放电，同时具有较好的均匀性和充电承受能力。

B 铅酸电池的主要应用领域

铅酸电池的应用范围很广，包括如下方面。

(1) 交通运输：汽车、火车、拖拉机、摩托车、电动车、叉车、运输车、信号灯、仪器仪表等。

(2) 电信电力：邮电、通信、电站、电力输送等。

(3) 矿山井下：矿灯、运输车、UPS 电源、照明系统等。

(4) 航天航海：轮船、渔船、航标灯、照明系统等。

(5) 新能源领域：太阳能、风能、潮汐能系统等。

(6) 银行、学校、医院：UPS 不间断电源、精密设备供电。

(7) 旅游娱乐：观光车、电动玩具、高尔夫球车、应急灯等。

(8) 国防军工：飞机、坦克、装甲车、火炮、舰艇、核潜艇、雷达系统、导弹发射系统、精密仪器等。

4.1.3 铅酸电池失效机制分析方法

铅酸电池的失效是指由于各种原因引起的电池寿命缩短或失去工作能力，失效原因有多种，具体可包含正极板栅腐蚀、正极活性物质软化脱落、负极硫酸盐化、电解液干涸、热失控、微短路、汇流排腐蚀、电池漏液等原因。对电池失效机制的分析过程应包含以下步骤。

(1) 分析失效电池的基本信息：包括电池外观、质量、开路电压等。电池外观检查：外观是否存在变形、漏液，安全阀周围有无液体。电池端柱是否有腐蚀、爬酸现象或过热痕迹；电池槽和电池盖是否损坏。电池绝缘检查：检查电池是否有破损。电池电压测量：使用万用表检查充电电压是否和电池数量相匹配。电池端子连接是否稳固，视情况进行电池表面灰尘处理。

(2) 失效电池电极电位分析：根据电极电位法在蓄电池正、负极之间加入参比电极，根据蓄电池充电或者放电过程中正、负极分别相对于参比电极的电位变化，对比电池端电压变化曲线，以此判断蓄电池失效的电极是正极还是负极。

(3) 解剖分析：将失效电池解剖后，对其正极板、负极板、隔膜、正极汇流排、负极汇流排等部分进行详细检查，查找失效原因。

(4) 材料分析：针对失效电池正、负极的二氧化铅含量（质量分数）、硫酸铅含量（质量分数）、比表面积、酸密度等信息进行检测分析。

下面将以实际案例演示铅酸电池失效机制分析过程和结果，为避免造成不必要的影响，书中对电池的生产厂家等信息隐去，以该电池或本电池代替。

4.1.3.1 电池外观检测

对电池外观进行检测，其结果见表 4-2。

表 4-2 故障电池外观检测

序号	检查项目	检测方法
1	电池质量	13.25kg
2	质量能量密度	30.2W·h/kg
3	外形尺寸	172mm×98mm×345mm（卷尺测量）
4	体积能量密度	68.78W·h/L
5	开路电压	1.7V
6	壳体干燥无渗漏现象	外壳完整
7	极柱螺钉无松动	正负极螺钉无松动
8	标志清晰正确	正负极标识正确
9	极柱表面无生盐现象	正负极良好颜色
10	极性颜色与符号一致	标识清晰正确

4.1.3.2 电池解剖

对电池解剖，观察电池内部结构，分析电池的失效机理，主要包含表 4-3 所示的内容。

表 4-3 故障电池内部结构检测

序号	检查项目	检测方法
1	Cell 开路电压	解剖电池测量 Cell 正负汇流排电压
2	正负配比	解剖电池数正负极片数量
3	端子与铅极柱连接	解剖电池目测、拍照
4	铅极柱与汇流排连接	解剖电池目测、拍照
5	正负极板短路检测	解剖电池万用表测量、目测、拍照
6	正极@隔膜	解剖电池目测、拍照
7	负极@隔膜	解剖电池目测、拍照
8	极耳@汇流排	解剖电池目测、拍照

续表 4-3

序号	检查项目	检测方法
9	隔膜分析	解剖电池目测、拍照
10	硫酸电解液密度检测	解剖电池采电解液冰点仪测量

A　电池的开路电压

该电池内部包括 1 个电池单元，电池单元中极板为 6 块负极板和 7 块正极板通过并联组成的极群，端子为内嵌入铅极柱中一次性浇铸。

在串联过程中，采用了跨桥式对焊的技术。实测该电池单体对应的电压：

$$U_{\mathrm{Cell}} = 1.7\mathrm{V}$$

实测该电池总的开路电压：1.7V。

B　正负配比

该电池排列方式为 1 个电池单元，极板为 6 块负极板和 7 块正极板，通过并联组成的极群，总共 6 块正极板以及 7 块负极板。该电池解剖内部示意图如图 4-2 所示。

扫一扫查看彩图

图 4-2　电池解剖剖面图

（扫一扫彩图可以看到，灰色区域表示整个电池；蓝色圆圈表示负极极柱；蓝色长方形表示负极汇流体；红色圆圈表示正极极柱；红色长方形表示正极汇流体）

C　端子与铅极柱的连接检测

端子为内嵌入铅极柱中，采用一次性浇铸成型，然后镶嵌在塑料件中，最后将塑料件与塑料壳盖进行热熔密封。该电池实物图如图 4-3 所示。

扫一扫
查看彩图

扫一扫
查看彩图

图 4-3　端子与铅极柱的连接实物图

（左图是正极，右图是负极）

D　铅极柱与汇流排连接

该电池正极铅极柱与汇流排连接良好，无漏焊。负极铅柱与汇流排无连接，开路，可能是在负极焊接时烧的时间较长，火力未掌握好，在焊接汇流排熔铅时铅的流动性不好，形成了较多的铅渣，实为虚焊。连接图如图 4-4 所示。

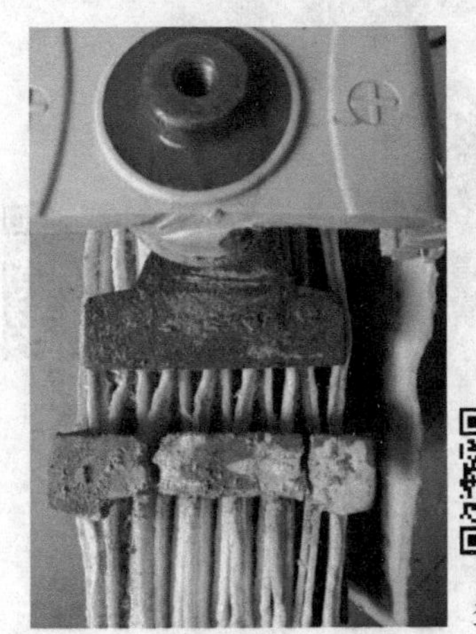

扫一扫
查看彩图

扫一扫
查看彩图

图 4-4　铅极柱与汇流排的连接实物图

E　正负极板短路检测

通过解剖观察：电池正极板膨胀，筋条腐蚀，电池板栅边框断裂变形肉眼可见，但用万用表测量无短路现象。

F　正极、负极与隔膜的检测

此极群中极板为 6 正极板、7 负极板并联组成的极群，极群中的隔膜为单层，正负极之间隔膜洁白干净，如图 4-5 所示。

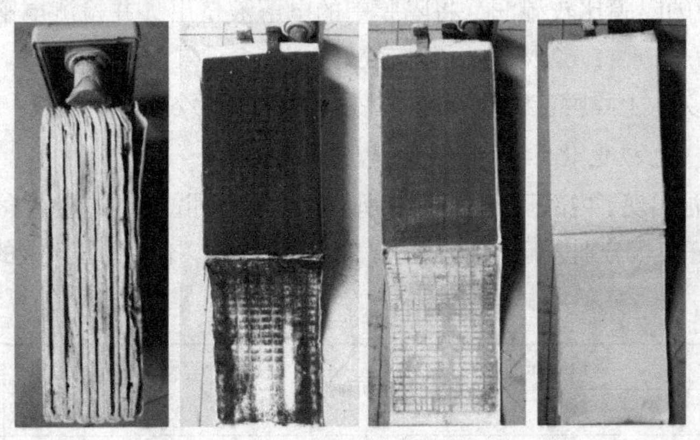

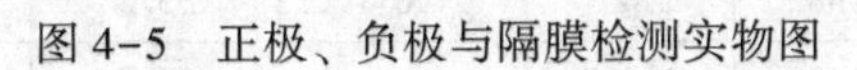

图 4-5　正极、负极与隔膜检测实物图　　扫一扫查看彩图

G 极耳与汇排流的检测

该电池中，极耳与汇排流连接较好，不存在接触不良的问题，如图 4-6 所示。

图 4-6 极耳与汇排流检测实物图

H 隔膜分析及硫酸电解液密度检测

该电池中的隔膜比较湿润，将隔膜中的电解液挤出，并检测电解液比重，测得具体数据为 1.26~1.62g/cm^3，分布较好。

具体数据为：上隔膜：1.26g/cm^3；中隔膜：1.261g/cm^3；下隔膜：1.262g/cm^3。

4.1.3.3 电极电化学性能测试

由于该电池出现了内部开路的问题，所以导致无法测试整体的电化学性能，将电池拆解后，对其正负极分别进行电化学测试。结果见表 4-4，包括了正负极的具体参数。

表 4-4 电池极群基本信息

极性	极板/mm			正负配比/片	单片容量/A·h	单片额定放电电流/A	放电倍率/C
	长	宽	厚				
正极	248	148	4	6	33.3	11.1	0.33
负极	248	148	2.429	7	28.6	9.5	0.33

由于正负极材料可能出现损坏的现象，所以需要将正负极材料分开，分别测试电化性能。

A　正极电化学性能测试

将该电池内部的正极拆解出来，重新与全新的商用铅酸电池负极组装电池，并配置标准铅酸电池的电解液，在电化学测试仪器上进行不同放电倍率的循环容量测试。分析表4-5看到：第一圈在0.33C的倍率下，放电电流为11A，电池的正极首圈充电容量很低，为4.2A·h，放电容量为28.5A·h，充放电效率为679%。对应的充电能量为10.2W·h，放电能量为55W·h，能量效率为539%。第二圈倍率依然为0.33C，充电容量有所提高，为29.9A·h，放电容量为28.0A·h，充放电效率为94%。对应的充电能量为69.1W·h，放电能量为54.9W·h，能量效率为79%。第三圈仍在0.33C的倍率下跑，充电电流11A，为29A·h，放电容量为27.5A·h，充放电效率为95%。对应的充电能量为67.1W·h，放电能量为53.9W·h，能量效率为80%。第一圈电池处在电量未放完的状态所以导致充电容量低而放电容量高，经过几圈循环后可以明显发现电池的容量逐渐趋于稳定，正极表现出良好的性能。接下来是0.5C倍率，放电电流16.5A，充电容量为27.2A·h，放电容量为22.8A·h，充放电效率为84%。对应的充电能量为62.8W·h，放电能量为44.3W·h，能量效率为71%。在1C的倍率下电池充放电容量开始明显衰减，充电容量为25.4A·h，放电容量为13.7A·h，充放电效率为54%。对应的充电能量为46.1W·h，放电能量为27.7W·h，能量效率为44%。在2C放电倍率下充电容量为16A·h，但是放电容量急剧衰减只放出了0.2A·h的容量。而在3C的倍率下电池已经不能正常放电，说明大倍率下电池性能衰减严重。图4-7为该电池内部的正极在0.5C、1C、2C、3C、5C下的倍率循环-充放电曲线图。

表4-5　正极电化学测试数据

类别	单位	数据						
倍率	C	0.33	0.33	0.33	0.5	1	2	3
放电电流	A	11.0	11.0	11.0	16.5	33.0	66.0	99.0
充电容量	A·h	4.2	29.9	29.0	27.2	25.4	16.0	0.6
放电容量	A·h	28.5	28.0	27.5	22.8	13.7	0.2	0.0
充放电效率	%	679	94	95	84	54	1	70
充电能量	W·h	10.2	69.1	67.1	62.8	58.9	37.4	1.5
放电能量	W·h	55.0	54.9	53.9	44.3	25.8	0.3	0.1
能量效率	%	539	79	80	71	44	1	6

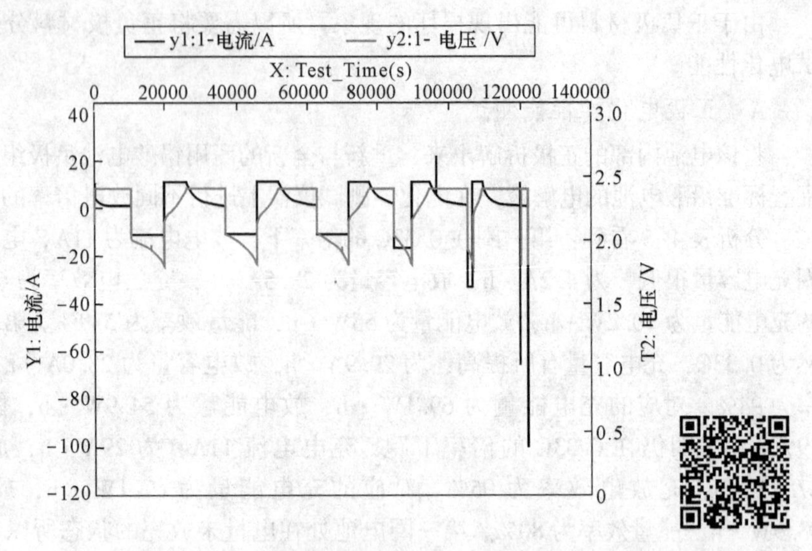

图 4-7　电池正极的倍率循环-充放电曲线

扫一扫查看彩图

从图 4-8 可以看出 0.33C 循环 3 圈，放电容量几乎持平，比较稳定；0.5C 有 81%容量保持；1C 容量保持约 49%；2C、3C 时已无法放出容量。可以看出由于长时间的工作或者不规范使用，导致了正极材料疏松，结构遭到破坏，失去了结构稳定性后正极材料的容量以及循环稳定性都出现了明显的衰减，尤其是高倍率下的放电性能。该电池的正极倍率循环-充放电容量图如图 4-8 所示。

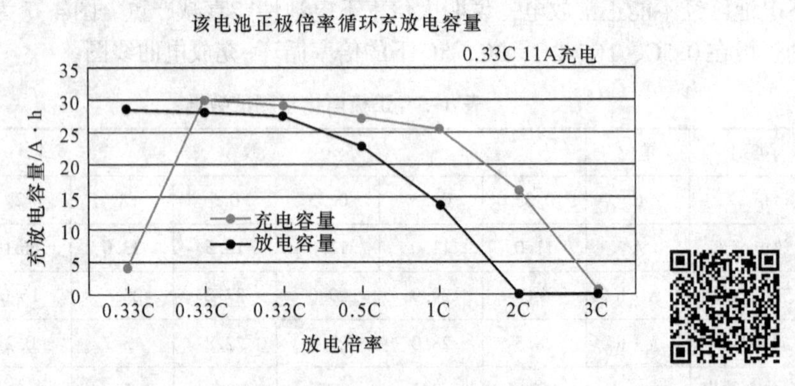

图 4-8　该电池的正极倍率循环-充放电容量图

扫一扫查看彩图

B　负极电化学性能测试

将该电池负极拆解出来，重新与全新的商用铅酸电池正极组装电池，并配置标准铅酸电池的电解液，进行不同放电倍率的循环容量测试。通过表 4-6 可以看出：第一圈在0.33C的倍率下，放电电流为9.5A，电池的负极首圈充电容量很低，为5.25A·h，放电容量为21.14A·h，充放电效率为403%。对应的充电能量为12.59W·h，放电能量为41.66W·h，能量效率为331%。第二圈放电电流不变，充电容量有所提高，为22.16A·h，放电容量为23.85A·h，充放电效率为108%。对应的充电能量为51.36W·h，放电能量为47.44W·h，能量效率为92%。第三圈仍在0.33C的倍率下跑，充电电流9.5A，容量为24.16A·h，放电容量为24.55A·h，充放电效率为102%。对应的充电能量为55.93W·h，放电能量为48.94W·h，能量效率为88%。前三圈的铅酸电池充放电容量不断提高，负极表现出良好的性能。接下来是0.5C倍率，放电电流14.3A，充电容量为23.94A·h，放电容量为21.64A·h，充放电效率为90%。对应的充电能量为55.28W·h，放电能量为42.60W·h，能量效率为77%。在1C的倍率下电池充放电容量开始明显衰减，充电容量为20.0A·h，放电容量为14.5A·h，充放电效率为73%。对应的充电能量为46.1W·h，放电能量为27.7W·h，能量效率为60%。在2C和3C的倍率下电池已经不能正常的放电，放电容量不到2A·h，甚至无法放电。

表4-6 负极电化学测试数据

类别	单位	数据						
倍率	C	0.33	0.33	0.33	0.5	1	2	3
放电电流	A	9.5	9.5	9.5	14.3	28.5	57	85.5
充电容量	A·h	5.25	22.16	24.16	23.94	20.0	18.3	3.0
放电容量	A·h	21.14	23.85	24.55	21.64	14.5	1.8	0.0
充放电效率	%	403	108	102	90	73	10	0
充电能量	W·h	12.59	51.36	55.93	55.28	46.1	42.6	7.1
放电能量	W·h	41.66	47.44	48.94	42.60	27.7	3.2	0.1
能量效率	%	331	92	88	77	60	8	1

图4-9为该电池负极在0.5C、1C、2C、3C、5C下的倍率循环-充放电曲线图。

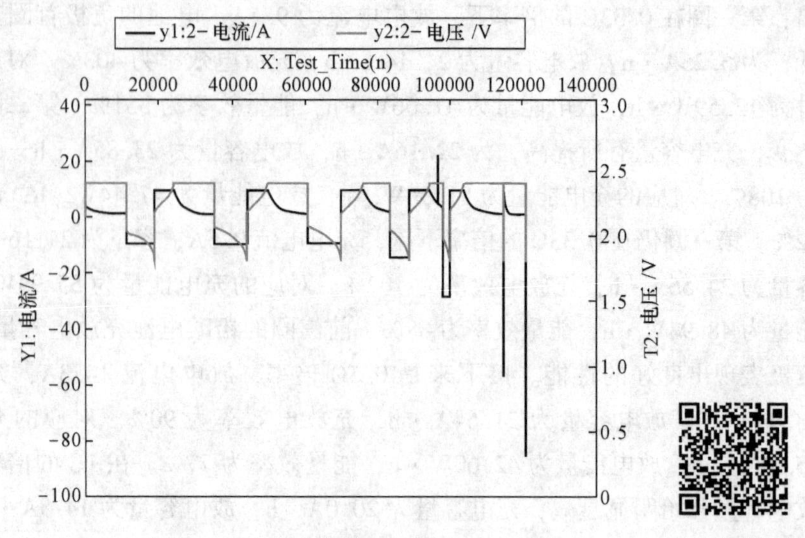

图 4-9 电池负极的倍率循环-充放电曲线

扫一扫查看彩图

由图 4-10 可以看到 0.33C 循环 3 圈，放电容量有上升的趋势；0.5C 下有 88%容量保持；1C 容量保持约 59%，2C 容量保持约 8%；3C 时已无法放出容量。负极相较于正极而言，电化学性能更好，说明对于该电池而言负极材料相较于正极来说损害较小。

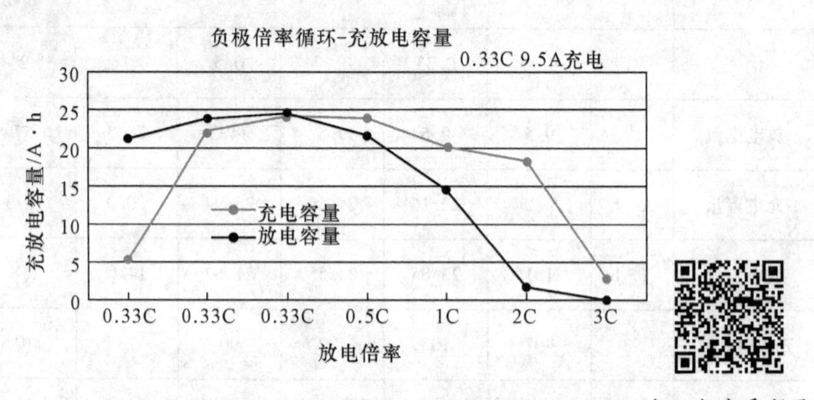

图 4-10 该电池负极倍率循环-充放电容量图

扫一扫查看彩图

C 电池正极 PbO_2 相的化学滴定测试

表 4-7 为该电池正极的 PbO_2 相滴定含量（质量分数）表，从表中数据可以得出，在该电池的 1 号极群中，边板的 PbO_2 相占总物相的 68.8%，边板的 PbO_2 相占 72.5%，另一块边板的 PbO_2 相占 66.5%。滴定结果表明，该电池正极中一部分 PbO_2 相发生了不可逆的硫酸盐化，生成了一些 $PbSO_4$ 相，该相是不导电相，

会极大地增加充放电过程中电池的内部阻抗，造成电池性能下降，容量衰减。但该电池的正极材料中，PbO_2 相仍然为主要相。

表 4-7 电池正极的 PbO_2 相滴定含量（质量分数）表

极板位置		V_1/mL	V_2/mL	M/mol · L^{-1}	q/g	C
1 号极群	边板	23.5	14.3	0.025	0.2000	68.8%
	中板	23.5	13.8	0.025	0.2000	72.5%
	边板	23.5	14.6	0.025	0.2000	66.5%

注：($C=[(V_1-V_2)\times M\times 0.598\times 100\%]/q$；$V_1$：空白消耗的 $KMnO_4$ 溶液体积，mL；V_2：试样消耗的 $KMnO_4$ 溶液体积，mL；M：$KMnO_4$ 标准溶液的摩尔浓度，mol/L；q：试样质量，g。

4.1.3.4 对电极材料进行物理化学性能测试

A XRD 检测

XRD 表征主要用来分析正负极板及材料的晶体结构、成分、相组成，分析电池充放电过程是否存在其他副反应，分析电池的失效机理。检测原理是通过 X 射线在晶体中产生衍射，测试参数电压为 40kV、电流为 40mA、波长为 1.5406Å。样品测试扫速为 5°/min，扫描的范围是 5°~80°。测试仪器 Rigaku 公司制造的 D/max 2500 型号 X 射线衍射仪。

a 正极极板失效前后分析

为了更深入地研究铅酸电池内部正极极板以及正极板栅随着循环失效而发生的变化，对失效后的铅酸电池进行解剖分析，电池解剖结果显示铅酸电池正极极板出现脱落现象，极柱、极耳、汇排流等也出现一定程度的腐蚀现象。研究表明，由于电池充放电过程中正极极板参与电化学反应产生的体积膨胀和收缩，加之隔板失去回弹性导致正极极板与正极板栅及正极极板颗粒之间黏结性变差，产生正极极板的软化脱落现象，进而导致电池失效。与未腐蚀的正极板栅相比，腐蚀的正极板栅一方面不能继续有效地起到电化学反应过程中的集流作用，导致电池正极板内阻增大；另一方面腐蚀的正极板栅不能为正极极板继续提供有效的支撑作用。

对正极极板成分、物相及结构随循环增加而发生的变化进一步分析，图 4-11 显示了完全失效前后的正极极板物相变化。根据 XRD 分析表明，在失效前的正极极板中存在 α-PbO_2、β-PbO_2 以及 $PbSO_4$ 三种物相成分，在铅酸电池中，α-PbO_2相起骨架网络的支撑作用；β-PbO_2 相作为活性物质起储存能量的作用。$PbSO_4$ 相是因为放电过程中 PbO_2 相与 H_2SO_4 发生还原反应产生的相，由于 $PbSO_4$ 相不导电，因此 $PbSO_4$ 相的含量（质量分数）直接影响到铅酸电池寿命。$PbSO_4$ 相含量（质量分数）越多，电极板的导电性越差，导致 PbO_2 相反应生成的 $PbSO_4$ 相会因为无法导电不能可逆的充电生成 PbO_2 相。

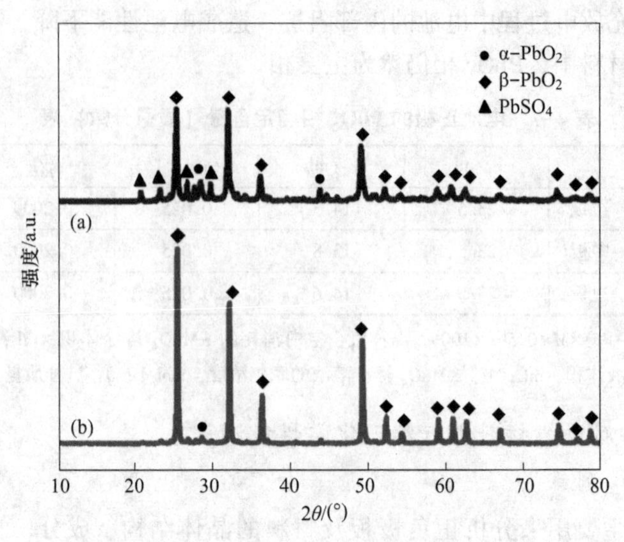

图 4-11　正极极板的 XRD 图谱

（a）循环前；（b）失效后

常规的铅酸电池中，β-PbO_2 为主相，占据绝大部分，α-PbO_2 和 $PbSO_4$ 占少数。失效后的铅酸电池的正极极板中 α-PbO_2 的峰几乎消失殆尽，由此可以推断在循环过程中 α-PbO_2 不断消耗而得不到补充，因此推断循环过程中存在某种消耗 α-PbO_2 组分而产生 β-PbO_2 的转化机制。

在失效的正极极板中，β-PbO_2 含量（质量分数）达到了一个较高值，而 α-PbO_2的含量（质量分数）几乎衰减殆尽。上述结果表明正极极板在循环过程中确实存在 α-PbO_2 向 β-PbO_2 转化的现象，并且正极极板中这种 PbO_2 的转化与正极极板失效密切相关。

b　负极极板失效前后分析

为了更深入地研究铅酸电池内部负极极板以及负极板栅随着循环失效而发生的变化，对失效后的铅酸电池进行解剖，取出负极板，观察负极板失效后的表观、硫酸盐的沉积和负极的健康状况，并分析原因。

从失效后的负极板可以看到，极板表面出现明显发白现象，经研究证实这些白色物质为 $PbSO_4$。由此证明 $PbSO_4$ 在负极板表面的沉积与负极板的失效密切相关。为了进一步明确负极板的失效原因，探明负极板的失效机理。对失效后负极板的表面生成物进行 XRD 物相分析。从图 4-12 中可以看出，失效前负极极板中主相为 Pb，虽然也含有 $PbSO_4$，但是从 XRD 峰强度判断含量（质量分数）不是很多。而失效极板 XRD 图谱中，$PbSO_4$ 相的峰越来越高，Pb 的峰明显减弱。类似于正极中 PbO_2 相会在充放电过程中不可逆的转化成 $PbSO_4$ 相，负极中的单质 Pb 相也会生成 $PbSO_4$ 相，由于 $PbSO_4$ 相不导电的绝缘性，使部分 Pb 会不可逆的硫酸盐化，而不能在充电过程中被还原成 Pb 相。通过失效前后 XRD 物相分析表明负极极板中不可逆硫酸盐化的形成与电池中负极板的失效密切相关。

铅酸电池负极板失效前后 XRD 物相分析图谱如图 4-12 所示。

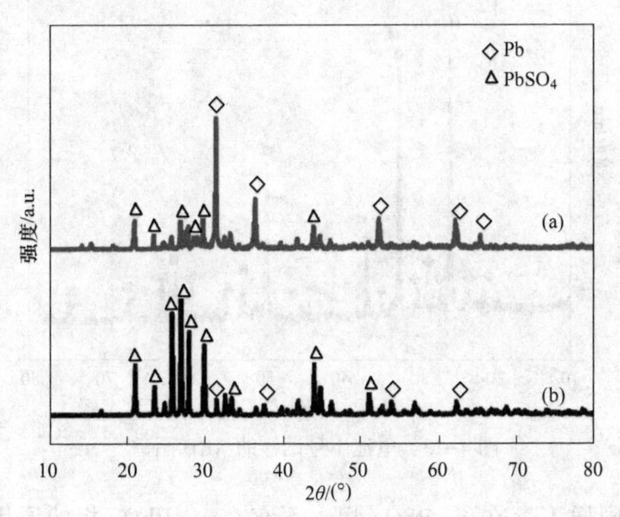

图 4-12　铅酸电池负极板失效前后 XRD 物相分析图谱

（a）循环前；（b）失效后

B　电池不同位置的正、负极极板失效后 XRD 表征

根据位置分布的均匀程度，分别取 1~6 号试样进行 XRD 测试，具体结果如下。

a　1 号试样

电池 1 号试样是电池 1 号极板极群中的正极边板，从该正极极板的 XRD 图谱（见图 4-13）中可以看到，主要成分为 β-PbO_2 相，并检测到少量的 $PbSO_4$ 相，说明在充放电过程中，正极的部分 PbO_2 被不可逆的转化成 $PbSO_4$ 相，使电池的性能有所衰减。

经过 XRD 分析，不存在 α-PbO_2 相。分析原因，在于充放电过程中，两种 PbO_2 晶型的生成条件不同，α-PbO_2 形成于弱酸性及碱性溶液中，β-PbO_2 形成于强酸性溶液中，在铅酸电池酸性电解液中是较为稳定的。因此在铅酸电池中正极极板中的 α-PbO_2 相参与放电反应生成 $PbSO_4$，由于充电过程是在强酸的环境下，$PbSO_4$ 将不能逆向被氧化为 α-PbO_2 而只能生成 β-PbO_2，因此正极极板中的 α-PbO_2 含量（质量分数）会随着循环次数的增加而递减。

b　2 号试样

2 号试样是该电池 1 号极板极群中的正极中板，同样在该正极极板的 XRD 图谱（见图 4-14）中可以看到，主要成分为 β-PbO_2 相，并存在少量

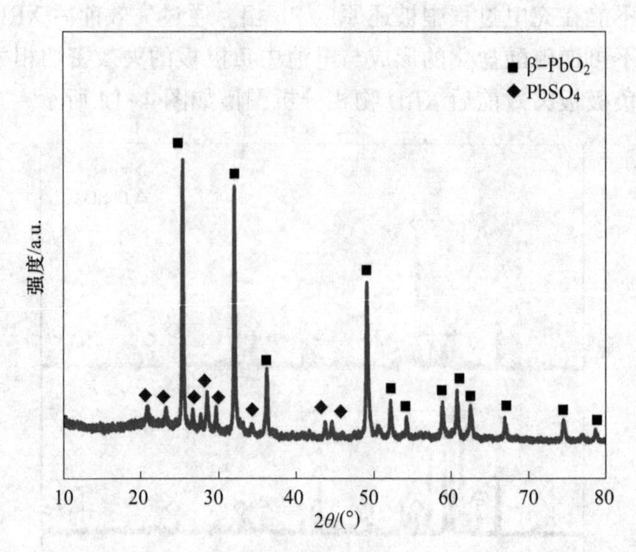

图 4-13　电池 1 号试样的 XRD 图谱

$PbSO_4$ 物相。同样不存在 α-PbO_2 相。不存在 α-PbO_2 相的原因，类似于电池 1 号试样。

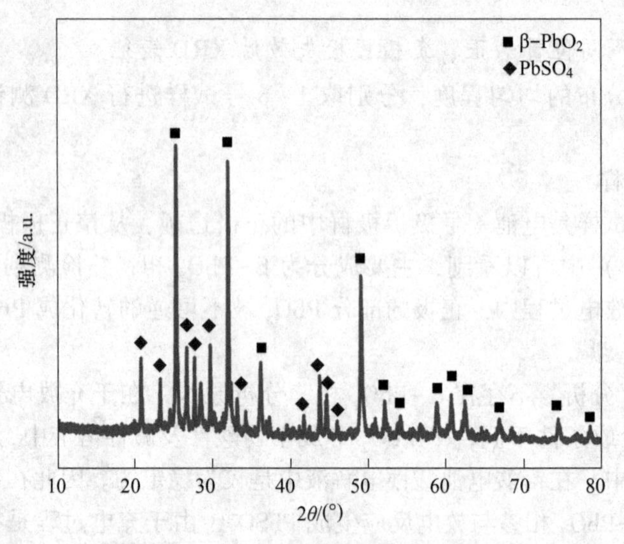

图 4-14　电池 2 号试样的 XRD 图谱

正极极板的 α-PbO_2 放电生成 $PbSO_4$，在充电过程中 $PbSO_4$ 将不能逆向被氧化为 α-PbO_2 而只能生成 β-PbO_2 相。α-PbO_2 相含量（质量分数）会逐渐减少，直至电池失效。

c 3号试样

电池3号试样是电池1号极板极群中正极的另一块边板，同样，从该正极极板的XRD图谱（见图4-15）中可以看出，主要成分为β-PbO_2相，并存在一些$PbSO_4$物相。检测不到α-PbO_2相。不存在α-PbO_2相的原因，类似于1号试样。说明该极板也受到了较大的不可逆转变和损害，造成了失效的结果。

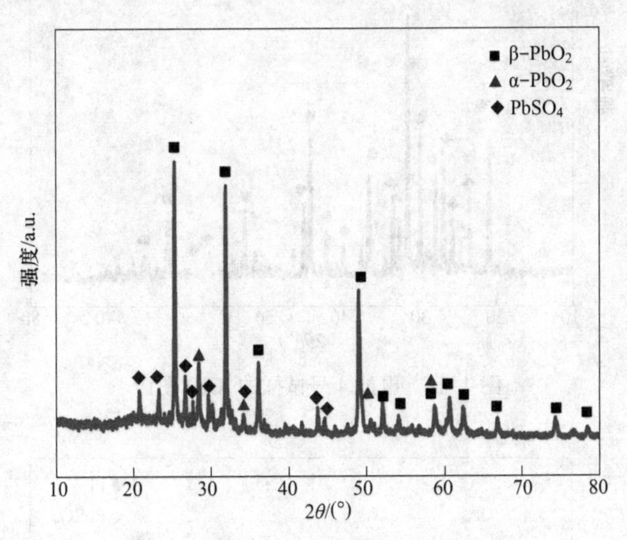

图4-15 电池3号试样的XRD图谱

根据前面三个正极板样品的检测和XRD图谱分析，发现正极极板的失效与α-PbO_2相以及β-PbO_2相的含量（质量分数）有密切关系。因为α-PbO_2相具有较大的尺寸和较大的硬度，在正极极板中可形成网络或骨架支撑，保持正极极板结构的完整，使正极板具有较长的循环寿命。

因此正极极板中的这种转变将导致正极板结构中骨架网络的衰减和消耗，最终导致正极极板软化脱落，使得正极失效，表明正极板的失效与正极极板中α-PbO_2、β-PbO_2的含量（质量分数）密切相关。导致正极极板发生膨胀、软化、脱落的原因是循环过程中α-PbO_2向β-PbO_2的转变。

d 4号试样

4号试样是电池1号极板极群中负极边板，从该负极极板的XRD图谱（见图4-16）中可以看出，存在单质Pb相，并存在较多的$PbSO_4$物相。Pb相仍为主要成分，存在负极发生不可逆的硫酸盐化的腐蚀现象。

e 5号试样

5号试样是该电池1号极板极群中负极的中板，从该负极极板的XRD图谱（见图4-17）中可以看出，主要成分也是单质Pb相，并存在少量的$PbSO_4$物相。Pb相为主要成分，存在负极发生不可逆的硫酸盐化的腐蚀现象。相比于第一块边板，该中板的不可逆转化程度相对较弱，说明边板更易被硫酸盐化。

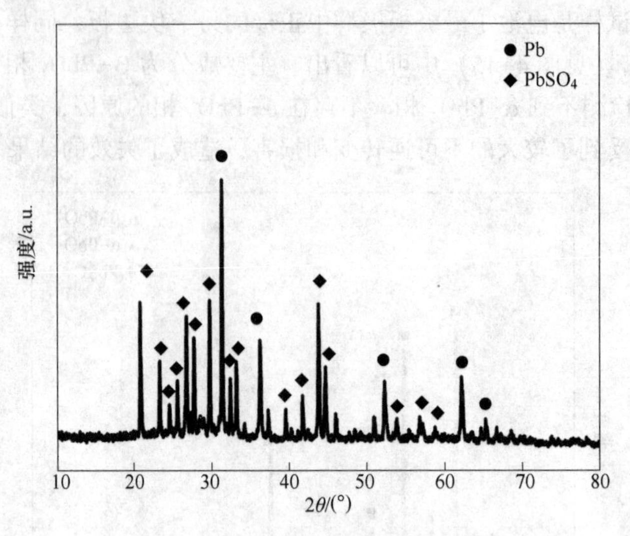

图 4-16　电池 4 号试样的 XRD 图谱

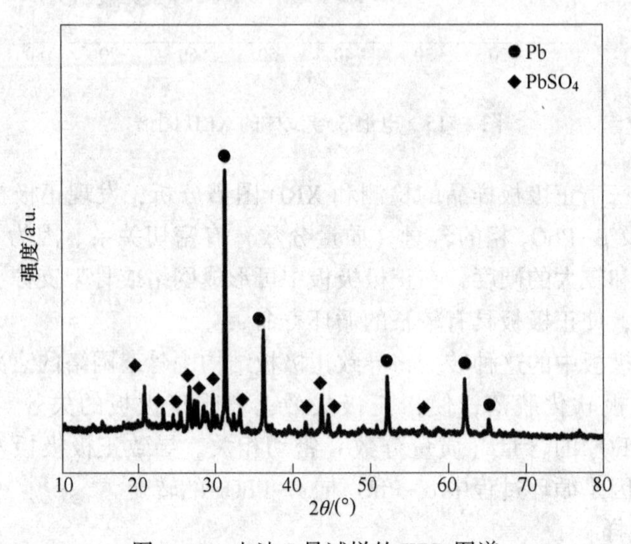

图 4-17　电池 5 号试样的 XRD 图谱

f　6 号试样

6 号试样是该电池 1 号极板极群中负极的另一块边板，从该负极极板的 XRD 图谱（见图 4-18）中可以看出，主要成分也是单质 Pb 相，并存在一些 $PbSO_4$ 物相。Pb 相为主要成分，存在负极发生不可逆硫酸盐化的现象。与第一块边板相比，该边板的不可逆转化程度也相对弱一些。

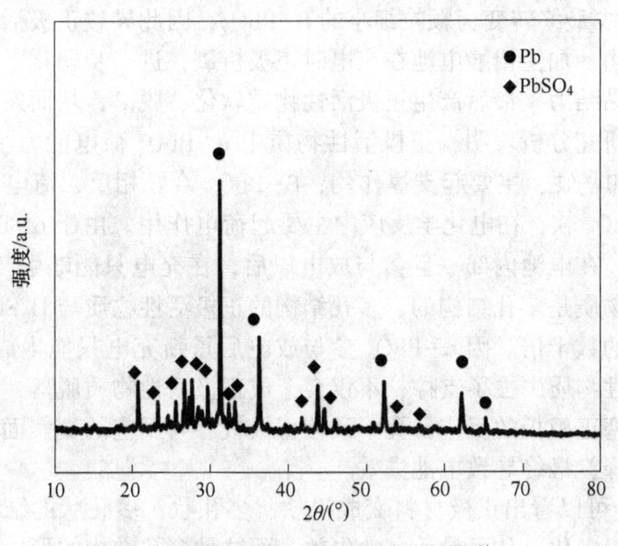

图 4-18 电池 6 号试样的 XRD 图谱

从以上三组样品的 XRD 图中可以看出，该电池负极都有着相对较完整的 Pb 相，只有第一块边板的腐蚀程度较大。也存在一些 $PbSO_4$ 相，说明在失效的过程中，负极极板 Pb 相发生了不可逆硫酸盐化，造成了负极板的失效，电池的性能衰减，容量损失。

综上所述，通过分析和对比，该电池失效的主要原因是正极板失效。

C SEM 观测铅酸电池正负极板及材料的表面形貌

通过 SEM 观测铅酸电池正负极板及材料的表面形貌；通过高倍放大方法观察被测样品的表面，放大倍数为 20000～100000 倍。得到电池充放电过程中电极材料形貌的变化信息，帮助分析电池的失效机制。

通过扫描电子显微镜观察失效后的正极活性物质，负极活性物质等微观形貌的变化、粒径大小变化等，来研究极板失效过程。将经过处理的活性物质样品干燥后粘在专用导电胶带上，用离子溅射镀膜仪在样品表面镀上一层铂金膜，然后进行 SEM 扫描电镜观察。

D 正极活性材料形貌表征

为了进一步明确导致正极活性物质失效的原因，对失效后正极活性物质颗粒进行了 SEM 形貌表征。新电池的正极板活性物质颗粒较小，活性物质间连接紧密；而失效电池的正极板活性物质颗粒较大且松散，活性物质间的连接已被破坏，这也从放电后极板中 PbO_2 含量（质量分数）较高得到侧面验证。极板中虽然有大量的 PbO_2，但是由于其导电路径被破坏掉，已无法参与充放电。粗大的 α-PbO_2镶嵌在 β-PbO_2 小颗粒中构成正极活性物质的骨架网络，保证了正极板中正极活性物质的稳定性，随着循环次数的增加，正极活性物质中原本粗大的

α-PbO_2逐渐减少最终转变为颗粒细小的 β-PbO_2，因此导致正极活性物质颗粒间失去骨架支撑物，加上铅酸电池在充电时正极析氧，进一步弱化了电池正极活性物质颗粒间的黏结力，最后产生正极活性物质软化、脱落，从而发生正极板及电池失效现象。研究分析表明，正极活性物质中 α-PbO_2 荷电能力小但是体积大，比 β-PbO_2 更加坚硬，主要起支撑作用；β-PbO_2 恰好相反，荷电能力大但是体积小，比 α-PbO_2 软，在电化学反应中主要起荷电作用。由于 α-PbO_2 是在碱性环境中生成的，在电池内部一旦参与放电以后，在充电只能够生产 β-PbO_2。且由于正极活性物质是多孔结构的，多孔结构的正极活性物质与 H_2SO_4 电解液的接触面积是平面的数十倍。因 α-PbO_2 参与放电后重新充电只能生成 β-PbO_2，这样就使正极活性物质失去了支撑，不仅会造成正极活性物质脱落，而且脱落的活性物质还会堵塞正极板的反应微孔，致使正极板参与反应的真实面积下降，造成电池容量的下降，最终导致电池失效。

从图 4-19 可以看出正极材料变成松软、多孔状，多孔状的结构会引起正极材料的结构不稳定化，从而导致电池失效。而这种多孔结构的形成往往是不可逆的，由于不同状态下的氧化铅相互转化从而导致了较为松散的结构，结合 XRD 图分析，目前需要解决的主要问题就是抑制 α-PbO_2 相与 β-PbO_2 相之间的结构破坏性转化。

(e) (f)

图 4-19 失效电池正极活性材料 SEM 图
(a)，(b) 1 号边板上的正极活性材料；(c)，(d) 1 号中板上的正极活性材料；(e)，(f) 1 号边板上的正极活性材料

扫一扫
查看彩图

E 负极活性材料形貌表征

通过负极的 SEM 图（见图 4-20）可以看出，负极活性材料中有部分结块，这就是 $PbSO_4$，$PbSO_4$ 生成后相互作用拥簇在一起导致了 $PbSO_4$ 的结晶成块，严重影响了电池的电化学性能。负极活性物质在 SEM 图中虽然有少量的 $PbSO_4$，但是整体结构没有明显被破坏，长期循环后往往会生成更多的 $PbSO_4$ 且结块会更加巨大，从而导致电池失效。

该电池的负极整体结构没有明显的破坏，通过电化学性能测试看到，负极活性材料也没有正极活性材料破坏得严重。因此需要对该电池的正极活性物质部分做更多、更具体的研究。

(a) (b)

(c)

(d)

扫一扫
查看彩图

图 4-20 失效电池负极活性材料 SEM 图
(a)，(b) 1 号边板上的负极活性材料；
(c)，(d) 1 号中板上的负极活性材料

F TEM 观测铅酸电池正负极板及材料的表面形貌

透射电子显微镜简称透射电镜，是以波长很短的电子束作照明源，用电磁透镜聚焦成像的一种高分辨、高放大倍数的电子光学仪器。透射电镜同时具有两大功能：物相分析和组织分析。物相分析是利用电子和晶体物质作用可以发生衍射的特点，获得物相的衍射花样；而组织分析是利用电子波遵循阿贝成像原理，通过干涉成像的特点，获得各种衬度图像。

a 正极活性物质 TEM 分析

当氧化铅粒子内部的相干性与网格的相干性降低时，正极活性材料降解发生。随着进一步循环，最终会完全失去联系；在这种情况下，氧化铅不再参与充放电反应，这一过程也被称为正极活性材料的“软化”和“脱落”。从电池的实际使用中观察到“正极活性材料软化”现象。这表现为由于正极活性材料密度降低至临界值以下而导致的容量快速下降。正极活性材料随后从正电极格栅脱落，尽管从外观上看，电极似乎处于良好状态。如图 4-21 (a)、(b) 所示，正极活性材料软化和脱落是由于正极活性材料颗粒越来越小，并且在循环期间彼此之间的黏结性较弱，显示出了明显的彼此分离的珊瑚状结构。在电池循环过程中，正极活性材料发生了许多组成和结构变化，最明显的是成分的变化。

(a)

(b)

图 4-21　Cell-1 中板上的正极活性材料 TEM

扫一扫查看彩图

b　负极活性物质 TEM 分析

图 4-22（a）显示了负极形成后的多孔海绵状结构，而图 4-22（b）显示了循环试验结束后的负极由一些相对平滑且较大的硫酸铅颗粒组成。这表明负极上的硫酸铅与电池故障密切相关。追溯这种现象的来源，温度是一个非常关键的因素。温度对电池老化的影响很大：铅酸电池的低温性能较差，因为低温下活性物质的电化学反应速率和离子扩散速度会降低。因此，一方面，低温抑制了充放电电化学反应过程，导致容量损失；另一方面，在低温下，在负极上容易产生不可逆的硫酸铅钝化层，加重负极不可逆的硫酸盐化和电池失效。相反，适度的高温将提高铅酸电池的循环寿命，因为随着温度的升高，硫酸铅的溶解度和电解质中离子扩散增强。同时，高温会抑制不可逆硫酸盐化的形成。然而，当温度高于某一点（例如 60℃）时，由于负极处的蒸发或析氢（过度充电或自放电）导致的栅极腐蚀速率和水损失率也随着温度的升高而增加，从而导致电池过早失效。

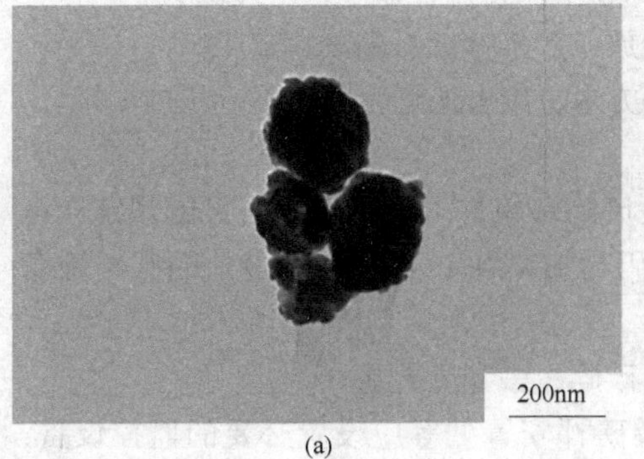

(a)

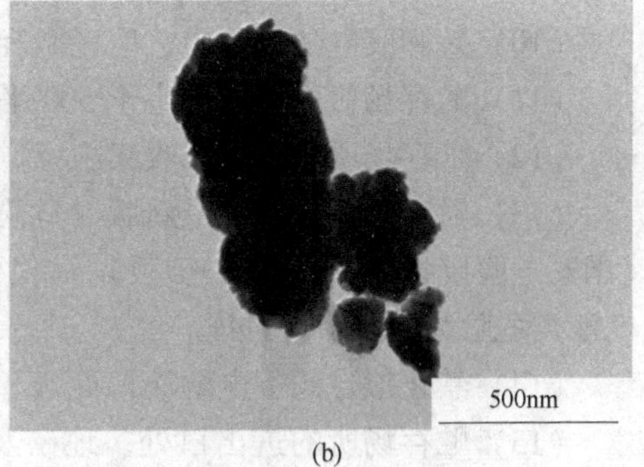

(b)

图 4-22　Cell-1 中板上的负极活性材料 TEM

结论：该电池失效的主要原因为负极铅柱与汇流排无连接，开路，可能是在负极群焊接极耳汇流排时烧的时间较长，火力未掌握好，焊接汇流排熔铅时铅的流动性不好，形成了较多的铅渣，实为虚焊，在充放电过程中极板膨胀导致汇流排断裂、汇流排与铅极柱连接处断裂。

4.1.4 铅酸电池回收及循环利用工艺

4.1.4.1 铅酸电池回收规范

2019 年，由国家标准委员会正式发布了铅酸电池回收标准文件《废铅酸蓄电池回收技术规范》（GB/T 37281—2019），该规范由天能电池、理士电源、骆驼股份、双登集团、超威电源、华富储能等单位共同起草，标准于 2019 年 10 月 1 日起实施。

A 铅酸电池回收要求

（1）按照《生产者责任延伸制度推行方案》的要求，建立“销一收一”的回收体系。

（2）生产者、经销网点、再生铅企业等应共同建立和完善废电池闭环逆向物流回收体系。

（3）按照环境保护主管部门的规定建立危险废物收集、贮存、运输、转移等情况的数据信息管理系统（或记录簿）和视频监控系统。

（4）具有独立的集中场地和足够的贮存空间，并且地面应进行耐酸防渗处理，应配备相应的废电池存放装置、耐酸塑料容器以及用于收集废酸的装置，应防雨，配备防火设施并设置防火标志。

（5）作业人员应配备耐酸工作服、专用眼镜、耐酸手套等个人防护装备。

（6）应有完整的出入库记录、台账等资料，并至少保存 1 年。

（7）贮存量不应超过 10t。

（8）运输车辆应做简单防腐防渗处理，配备耐酸存储容器。

（9）破损废电池及电解液应单独存放在耐酸存储容器中，不得混装。

（10）装卸废电池过程中，应轻搬轻放，严禁摔掷、翻滚、重压。

（11）贮存场所面积应不小于 500 平方米，废电池贮存时间不应超过 1 年。

（12）贮存场所应有废水收集系统。

（13）贮存单位应按照最新版《危险废物环境许可证管理办法》的规定取得《国家危险废物名录（2021 年版）》代码为 HW49（900-044-49）的废铅酸蓄电池类危险废物经营许可证。

（14）禁止擅自倾倒电解液，拆解、破碎、丢弃废电池。

（15）贮存场所的进出口处、地磅及磅秤安置处等应设置必要的监控设备，录像资料应至少保存 3 个月。

(16) 废电池转移过程应采用符合最新版《道路运输危险货物车辆标志》(GB 13392)、《危险货物运输车辆结构要求》(GB 21668) 要求的危险货物车辆运输，并应严格按照最新版《危险废物转移联单管理办法》的相关要求执行。

(17)《道路运输危险货物车辆标志》(GB 13392—2005) 道路运输危险货物车辆标志：标准规定了道路运输危险货物车辆标志的分类、规格尺寸、技术要求、试验方法、检验规则、包装、标志、装卸、运输和储存，以及安装悬挂和维护要求。

(18)《危险货物运输车辆结构要求》(GB 21668—2008)：标准规定了危险货物运输车辆的结构要求，适用于运输危险货物的 N 类和 O 类车辆及由 N 类车辆和一辆 O 类车辆组成的列车。

危险废物标签如图 4-23 所示。

图 4-23　危险废物标签

扫一扫查看彩图

B　铅酸电池回收标志

铅酸电池的回收标志如图 4-24 所示。

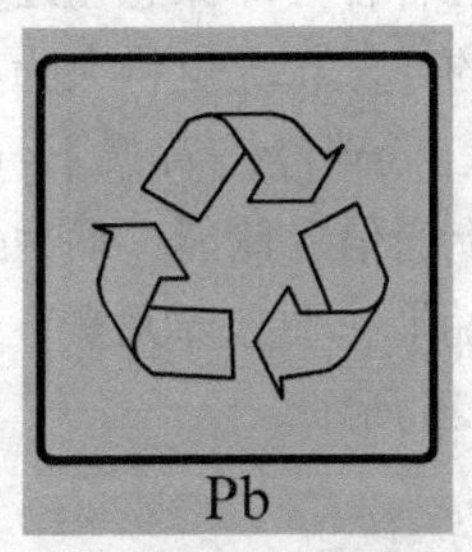

图 4-24　铅酸电池的回收标志

C　铅酸电池警示标志

铅酸电池的警示标志如图 4-25 所示。

4.1.4.2　铅酸电池循环再利用工艺

铅酸电池的循环再利用工艺包括回收、破碎分解、废酸处理、废铅冶炼和废塑料处理步骤。

图 4-25 铅酸电池的警示标志

扫一扫查看彩图

A 回收

近年来，变电站基本上采用阀控式密封铅酸蓄电池作为通信电源和备用电源，但由于受到使用环境、电池自身特点以及维护条件等因素的影响，经常出现因负极硫酸盐化、正极活性物质脱落和失水等失效模式而导致容量不足或过早失效从而提前“报废”的问题，设计寿命为 8~12 年的蓄电池平均使用寿命不足 5 年，在储能电站使用的寿命更短，导致使用成本大幅增加，给国家造成巨大的资源浪费。同时“报废”蓄电池所带来的污染日渐突出，据报道，一节电池烂在地里，能使 1 平方米的土壤永久失去利用价值；一粒纽扣电池可使 600 吨水受污染，相当于一个人一生的饮水量，铅酸蓄电池的过早报废将严重污染环境，且国家规定各地废旧电池不得外运，只能自行消化处理。因此，铅酸蓄电池的维护、复原和再利用已成为各级政府及各事业单位的关注热点。

铅酸蓄电池在生产环节产生的污染物已经得到较好的控制和治理，回收环节在技术上是完全可行的。未来几年，随着国家政策扶持力度、有关部门监管力度的加大，生产者、使用者、运营者各方环保意识逐步加强及自身社会责任不断强化，国内铅酸蓄电池回收环节的环保状况也将大为好转。电池生产企业应该提早入手，积极准备开展电池回收。低碳经济背景下（环保政策和政府管制）促使行业集约化发展，使得企业走上通信、储能、动力全面发展的战略，铅回收是配合这个大战略的一个策略或者说是一个必要元素。

铅酸电池回收工艺如图 4-26 所示。

B 破碎分解

废旧铅酸蓄电池主要是由铅（极板）、糊剂（铅泥）、隔板、酸液所组成。废旧铅酸蓄电池再生铅的传统生产方法和流程是：人工拆解电池—放酸—拆出板栅铅泥—平炉高温冶炼—还原铅。废旧铅酸蓄电池的拆解是再生铅回收的第一道也是最容易造成资源流失和引起环境污染的工序，为了防止废电池中的有害物质被排放或逸出，造成二次污染，《废铅酸蓄电池收集和处理污染控制技术规范》中明确禁止了对废铅酸蓄电池进行人工破碎和在露天环境下进行破碎作业。

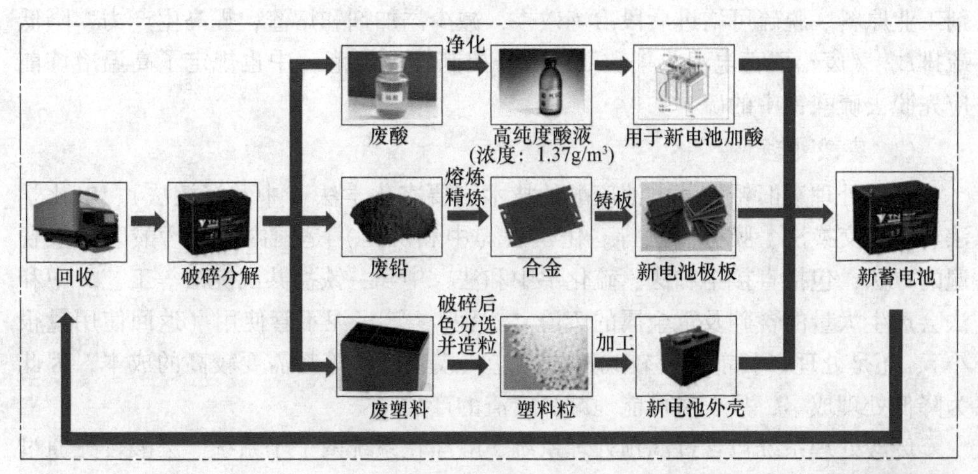

图 4-26　铅酸电池回收工艺

扫一扫查看彩图

在生产工艺上，主要采用机械破碎分选、并进行脱硫等预处理技术。具有代表性的分选系统有意大利 Engitec 公司开发的 CX 破碎分选系统和美国 M. A 公司开发的 M. A 破碎分选系统两种，其工艺是根据废铅蓄电池各组分的密度与粒度不同，将其分为橡胶、塑料、废酸、铅金属、铅膏等几大部分，然后再分别回收利用。基本流程如图 4-27 所示。

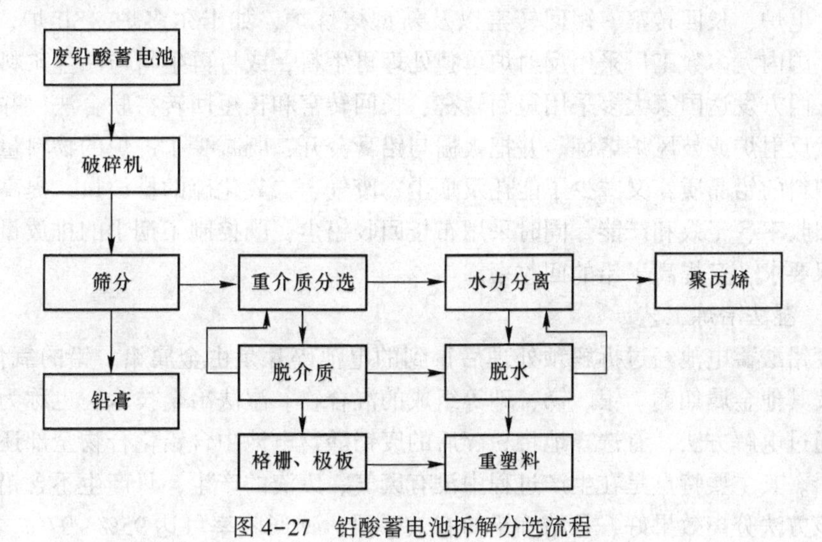

图 4-27　铅酸蓄电池拆解分选流程

通常筛分出来的铅膏，加入 NaOH 脱硫处理，同时得到副产 $NaSO_4$ 用作清洁剂工业原料。脱硫可增进后段冶炼效果，减少添加剂和熔渣，提高生产力，降低硫排放。《废铅酸蓄电池收集和处理污染控制技术规范》中也规定了高温冶炼前应先脱去硫酸铅中的硫。

C 废酸处理

目前处理废旧铅酸蓄电池废酸的技术主要有化学法（中和沉淀法）、电化学法、离子交换法、膜分离法等。化学法（中和沉淀）是国内处理污酸废水最普遍的方法，包括直接中和法、硫化—中和法、中和—铁盐共沉淀法等工艺。中和法会产生大量的含砷及重金属的废渣（污泥），该污泥不管使用（返回使用量很小）、还是处理（目前未有较成熟的工艺）或者外售等都需要较高的成本，因此为降低处理成本，只有尽可能地减少废渣的产生。

废酸处理系统包含过滤预处理系统、酸净化系统两个子系统。废酸首先通过过滤器预处理系统，除去其中的固体颗粒、有机物、胶体等杂质，然后进入扁平废酸净化设备去除废酸中的大部分金属离子，分离提纯得到稀硫酸，稀硫酸浓度为废酸浓度的90%左右，在此过程中需要消耗1.1倍的新水，产物为一股含铅废水和稀硫酸，含铅废水进入污水处理站处理，净化后的稀硫酸送周边电池生产企业。工艺流程如图4-28所示。

D 废铅冶炼

a 火法冶炼工艺

火法处理废旧铅酸电池主要采用还原熔炼。熔炼中除了加入还原剂之外，还可加入熔剂，如铁屑、Na_2CO_3、石灰石、石英和萤石等。熔炼设备有反射炉、鼓风炉、电炉、长回转窑、短回转窑以及新型熔炼炉，如卡尔多炉、SB炉、BBU炉等。国内大多数工厂采用反射炉单独处理再生料，或将再生料与原生矿料混合处理。西方发达国家大多采用短回转窑、长回转窑和长短回转窑联合法，并已逐步取代反射炉或鼓风炉熔炼。并把板栅与铅膏分开，既减少了进炉的物料量，提高了炉料的铅品质，又减少了能耗及烟尘、废气、二氧化硫的排放量，提高了金属的回收率、工效和产能。同时采用布袋回收铅尘，既控制了烟尘的排放量，达到环保要求，又提高了铅的回收率。

b 湿法冶炼工艺

废铅酸蓄电池经过拆解预处理后得到的电池碎片是由金属铅、铅的氧化物、铅盐及其他金属如铜、银、锑、砷等组成的混合物。湿法冶金技术，也称为电解法。通过电解方法，有选择地将粉碎后的废铅酸蓄电池中含铅化合物全部还原成金属铅。其主要特点是在生产过程中没有废气、废渣的产生，只产生不含铅的废水。该方法分离效果好，是精炼铅的有效手段，铅回收率可达95%~97%。湿法冶炼技术工作原理是在溶液中加还原剂，使Pb、PbO_2还原转化成低价态的二价铅化合物，以便电解回收金属铅。反应如下：

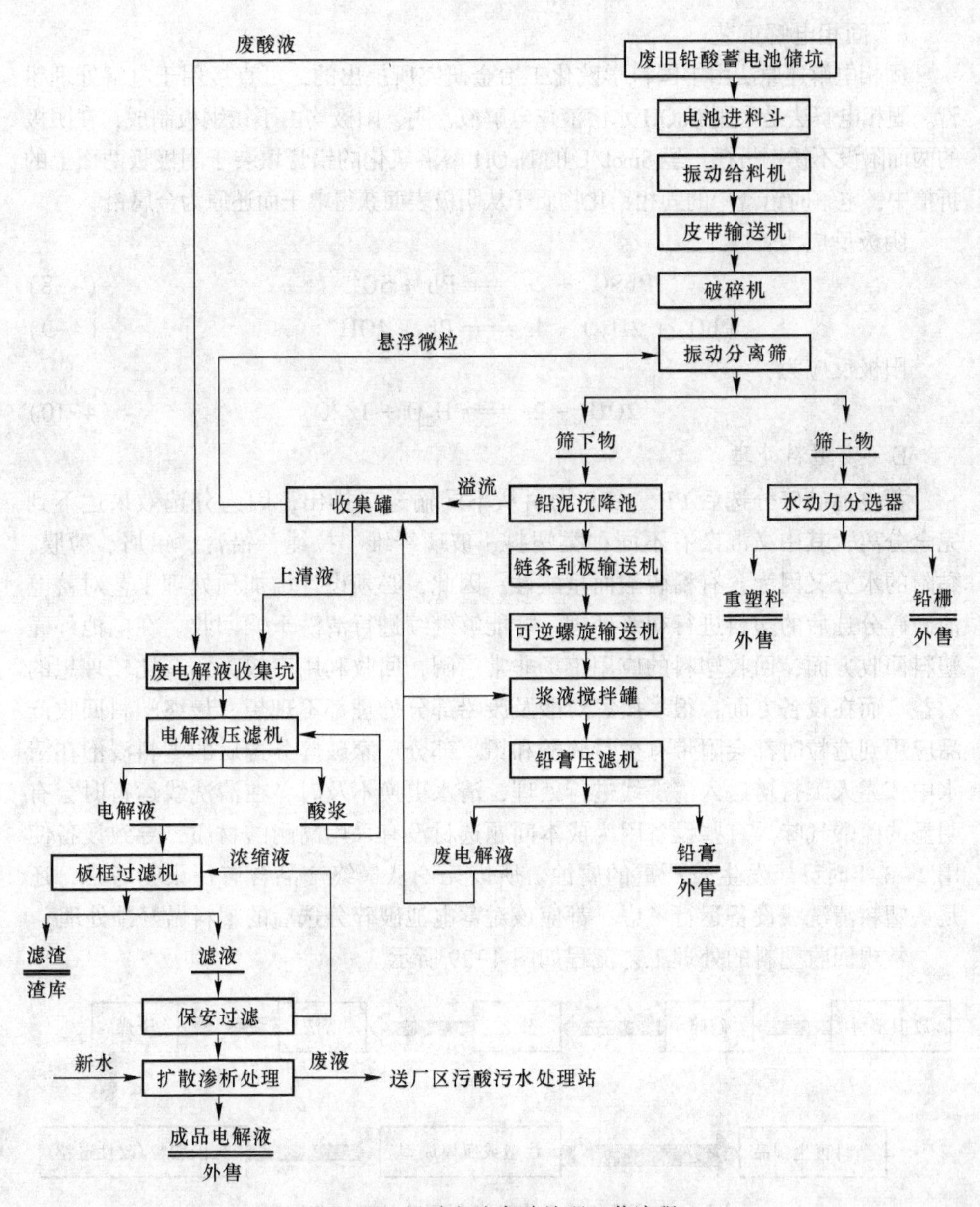

图 4-28 铅酸电池废酸处理工艺流程

$$PbO_2 + 2FeSO_4 + 2H_2SO_4 = PbSO_4 + Fe_2(SO_4)_3 + 2H_2O \quad (4-5)$$

铅还原过程中的还原剂可用钢铁酸洗废水配置实现“以废治废”的目的。该化学反应原理如下：

$$Pb + Fe_2(SO_4)_3 = PbSO_4 + 2FeSO_4 \quad (4-6)$$

$$Pb + PbO_2 + 2H_2SO_4 = 2PbSO_4 + 2H_2O \quad (4-7)$$

c 固相电解工艺

固相电解还原法由中国科学院化工冶金研究所提出的，可直接用于电解处理铅膏。固相电解法是采用 NaOH 水溶液作电解液，阴、阳极均由不锈钢板制成，在阴极的两面附设不锈钢折槽，经 8mol/L 的 NaOH 溶液浆化的铅膏填装于阴极板两面上的折槽中，电解时铅膏中的固相铅化物质子从阴极表面获得电子而还原为金属铅。

阴极反应为：

$$PbSO_4 + 2e = Pb + SO_4^{2-} \quad (4-8)$$

$$PbO_2 + 2H_2O + 4e = Pb + 4OH^- \quad (4-9)$$

阳极反应为：

$$2OH^- - 2e = H_2O + 1/2O_2 \quad (4-10)$$

E 废塑料处理

蓄电池破碎分选后 PP、ABS 物料从不同输送口排出，因为分选效果达不到完全分离，其中又混杂有不同种类塑料、玻璃纤维、拉绳、铅膏、铅屑、薄膜，黏附的水分又因为含有稀硫酸而呈酸性。因此，必须设计增加预处理工艺对蓄电池破碎分选后的塑料进行初级处理，才能够继续进行清洗干燥回收。在电池外壳塑料回收方面，回收塑料的应用市场非常广阔，回收利用率较高，有比较理想的效益。而在设备方面，很多厂家对酸及废铅部分处理都不理想，最终塑料回收产品应用到造粒时都会附带有少量硫酸和铅。部分厂家破碎分选后的塑料浸泡在清水中依靠人工打捞送入清洗线进行处理，清水更换不及时，在清洗线运行时会有明显的硫酸气味。有些设备因为成本问题选材没有采用高耐酸材质，导致设备使用 2~3 年时已经发生较严重的腐蚀。所以无论从最终产品含有污染物考虑，还是从塑料清洗线设备运行考虑，都应该对蓄电池破碎分选后的塑料做好预处理。

常规回收塑料的处理工艺流程如图 4-29 所示。

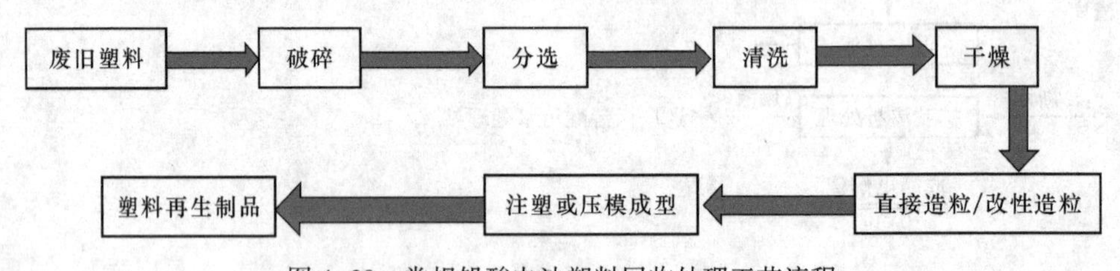

图 4-29 常规铅酸电池塑料回收处理工艺流程

4.2 锂离子电池材料与器件的生产及回收工艺

4.2.1 锂离子电池发展简介

锂电池（lithium battery）是指含有锂（包括金属锂、锂合金、锂离子或锂聚合物）的化学电池，它可以分为锂电池和锂离子电池两大类。20 世纪 70 年代，M. S. Whittingham 团队制成了世界上第一个锂金属二次电池，由于安全性能差、循环性能不好等缺点限制了它进一步商业化。到了 1980 年，法国科学家 M. Armand 等人提出了“摇椅电池”的概念。该“摇椅电池”的负极材料是碳（如石墨），替换了原来的负极材料金属锂，正极材料是金属锂与过渡金属的复合氧化物。石墨材料具有特殊的层状结构，因而电池中的锂离子在充放电过程中能够在石墨层中嵌入和脱出。在很大程度上解决了以锂或其合金作为负极存在的安全隐患，使得锂离子电池得以快速发展。1990 年，日本索尼公司推出了钴酸锂电池，该电池是采用金属锂与过渡金属钴的氧化物 $LiCoO_2$ 材料作为正极，以具有石墨结构的碳材料作为负极，该电池体系极大地提高了锂离子电池的安全性，钴酸锂电池迅速商业化并沿用至今。在 1997 年，Goodenough 等人发现磷酸铁锂材料可作为锂离子电池的正极材料，它具有结构稳定、安全性高、价格便宜等优点，目前已广泛应用于动力锂离子电池中。

具有诸多优点的锂离子电池目前已经被广泛地应用于各种便携式电子设备中，例如：数码相机、手机、电脑等方面。同时，锂离子电池正在一步步地应用于大型储能设备中，例如：电动汽车、混合动力汽车以及电站储能等方面。当今时代对锂离子电池提出了更高的要求，同时，也极大地促进了锂离子电池的进一步发展。

4.2.1.1 锂离子电池结构和工作原理

和其他蓄电池一样，锂离子电池的基本结构主要由正极、负极、电解液、隔膜和电池壳等部分组成。对于锂离子电池而言，锂离子能够在正负极材料中可逆地进行嵌入与脱出，同时，以电解液作为载体，锂离子可以自由地通过隔膜，在外电路得失电子的辅助下形成回路。

锂离子电池实际上是一种锂离子浓度差电池。图 4-30 简单地示意了锂离子电池的工作原理。该模型中正极为含锂的过渡金属化合物，负极是具有导电性能的碳材料石墨，电解液则是含有锂盐的有机溶剂，同时，以 PE 和 PP 复合多层微孔膜为隔膜。在充电过程中，电池正极材料释放出电子通过外电路到达负极，此时，正极材料脱出锂离子，通过电解液穿过隔膜嵌入负极材料中，同时伴随着正极氧化反应和负极还原反应，而锂离子在负极材料中富集。这样正极材料慢慢变成贫锂状态，而负极则产生富锂状态。而放电过程中则与此相反，负极材料脱出的锂离子通过电解液穿过隔膜重新嵌入正极材料中，而电子则通过外电路转移到正极，进而正极又重新成为富锂状态，负极又回归到贫锂状态。在整个充放电过程中，电解液中的锂离子并没有发生变化，只是在正负极之间进行着脱出和嵌入的循环往复动作。对锂离子而言，其容量与锂离子的嵌入和脱出数量密切相关。在理想的充放电状态下，随着锂离子的嵌入和脱出，材料的晶体结构并不会改变，保证锂离子电池具有较好的可逆性。本节以商业化 $LiCoO_2$ 正极、石墨负极、以 1mol/L 的 $LiPF_6$ 为溶质、溶于 EC：DMC：EMC＝1：1：1（体积比）为溶剂组成的有机溶液作为电解液组成的电池为例，简单地介绍电池体系内部化学反应：

$$(-)\ C_6 \mid 1mol/L\ LiPF_6\text{-}EC+DMC+EMC \mid LiCoO_2\ (+)$$

电极反应过程如下：

正极：$$LiCoO_2 \underset{放电}{\overset{充电}{\rightleftharpoons}} Li_{1-x}CoO_2 + xLi^+ + xe$$

负极：$$6C + xLi^+ + xe \underset{放电}{\overset{充电}{\rightleftharpoons}} Li_xC_6 \tag{4-11}$$

总反应：$$6C + LiCoO_2 \underset{放电}{\overset{充电}{\rightleftharpoons}} Li_{1-x}CoO_2 + Li_xC_6$$

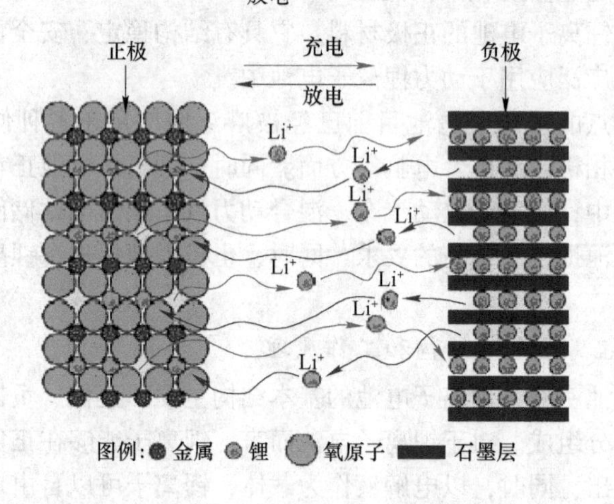

图 4-30　锂离子电池的工作原理示意图　　扫一扫查看彩图

和传统的铅酸、镍铬和镍氢等电池相比，锂离子电池具有以下几方面的优势。

（1）工作电压高。目前市场中常见的是有机电解液体系，锂离子电池单体电压能够达到 3.7～3.8V，是其他普通电池的 2～3 倍。

（2）能量密度大。目前市场中锂离子电池实际比能量是 150～200W·h/kg 和 300～360W·h/L，是传统电池的 2～5 倍。即存储相同的能量，锂离子电池的质量更轻，体积更小，基本上能够满足人们对电池小型化和轻量化的要求。

（3）循环寿命长。锂离子电池具有高度循环可逆性，在反复充放电过程中，电极材料的晶体结构不会发生变化。目前，市场上锂离子电池的循环性基本能够达到几千次以上，有的甚至能达到 10000 次以上。

（4）工作温度范围广。目前，锂离子电池工作温度范围比较广，在-25～45℃

范围之间。随着对电解液和正极材料的研究，其工作范围可扩展到-40~70℃之间，甚至更宽。

(5) 自放电低。对锂离子电池而言，若以导电碳石墨作为负极，其会在石墨负极表面形成固体电解质 SEI 膜，在一定程度上大大地降低了电池的自放电率。室温下，锂离子电池的自放电率仅为2%左右，大大低于其他电池体系。

(6) 安全性能好、无公害、无记忆效应、低毒和低污染等。

锂离子电池凭借以上诸多优点得到了飞速的发展，迅速地成为市场上储能装置的主流。

当然，锂离子电池还存在着许多不足之处，例如：

(1) 生产成本高。地球上锂存储量比较匮乏，以及目前市场上商用的正极材料 $LiCoO_2$ 中钴的价格昂贵等原因，造成了锂离子电池成本较高。

(2) 安全隐患仍然存在，安全性能有待提高。目前锂离子电池所用的电解液均是有机溶剂，在过充电或电池短路的情况下，容易引发爆炸。同时，其也会有漏液、胀气等安全隐患的存在。

(3) 锂离子电池的生产工艺复杂，致使其一致性难以控制，即使是同一批次电池，个体间差异也非常大。

随着科技的发展、新型高安全型电极材料的不断出现和改性以及锂离子电池所拥有的独特优势，其将会在更多领域里面发挥越来越重要的作用。

锂离子电池与部分传统电池：铅酸蓄电池、Ni-MH 和 Ni-Cd 电池部分性能的对比见表 4-8。

表 4-8 锂离子电池与铅酸蓄电池、Ni-MH、Ni-Cd 电池部分性能对比

电池种类	锂离子电池	铅酸蓄电池	Ni-MH 电池	Ni-Cd 电池
工作电压/V	3.7	2	1.2	1.2
循环寿命	1000	500	500	500
质量比能量/$W \cdot h \cdot kg^{-1}$	150~200	约 30	约 70	约 58
体积比能量/$W \cdot h \cdot L^{-1}$	300~360	50~80	19~170	134~155
工作温度/℃	-20~60	-20~50	-20~40	-20~65
记忆效应	无	无	无	有
安全性能	一般	安全	安全	安全
优点	电压高，比能量高，无公害	价格低廉，工艺成熟	功率高，比能量高，无公害	成本低，功率高、充放电快
缺点	需保护回路，高成本	比能量小，有污染	自放电大、高成本	有毒，有记忆效应

4.2.1.2 锂离子电池正负极材料

目前，市场上常用的锂离子电池正极材料主要有层状结构的钴酸锂（$LiCoO_2$）、镍酸锂（$LiNiO_2$）、锰酸锂（$LiMnO_2$）、尖晶石型结构的 $LiMn_2O_4$ 和橄榄石型（$LiMPO_4$）以及层状的三元复合锂镍钴锰氧化物（$LiNi_xCo_yMn_{1-x-y}O_2$）材料。

A 层状结构 $LiCoO_2$、$LiNO_2$、$LiMnO_2$

在众多锂离子电池正极材料中，具有层状结构的 $LiCoO_2$ 是最早实现商业化的正极材料。自从 1980 年 Goodenough 等人提出可将钴酸锂作为锂离子电池正极以来，该材料得到了广泛关注。在 1990 年，日本索尼公司推出的第一只商业化锂离子电池便是以 $LiCoO_2$ 作为正极的。层状构型的 $LiCoO_2$ 正极具有 α-$NaFeO_2$ 型晶体结构，六方晶系，属于 R-3m 空间群，如图 4-31 所示。对于 $LiCoO_2$ 材料而言，其晶胞参数 a 为 0.281nm，c 为 1.406nm，其中 Li^+ 和 Co^{3+} 离子占据着氧八面体的中心，分别位于 3a 和 3b 位点，而氧离子占据着 6c 位，并且锂离子可以在层状结构中嵌入和脱出。$LiCoO_2$ 材料具有 3.9V 的工作电压，理论比容量为 274mA·h/g。作为商业化最成功的电池正极材料，$LiCoO_2$ 材料具有较高的理论比容量、较好的充放电可逆性、较稳定的充放电电压和结构等优点，因此一直应用至今。但其实际放电比容量较低，并且在地球中钴的含量（质量分数）偏低，致使钴资源匮乏增加了钴酸锂电池成本，钴具有一定毒性，这些缺陷使其应用受到很大局限性。随着大功率动力电池对电极材料要求的不断提高，近年来，专家学者们正积极探索可以替代钴酸锂的新材料。

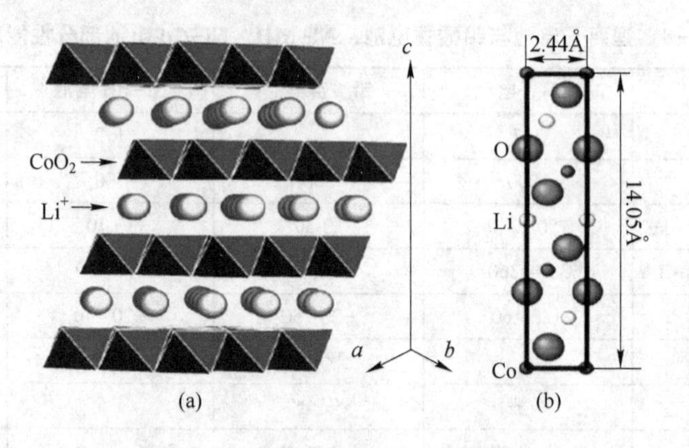

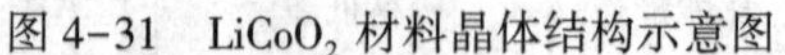
图 4-31 $LiCoO_2$ 材料晶体结构示意图

扫一扫查看彩图

而同样具有层状结构的 $LiNiO_2$ 材料也具有较高的理论放电比容量和能量密度，相比钴酸锂材料而言它具有更低的成本，一度成为取代钴酸锂材料较热门的正极材料。和 $LiCoO_2$ 一样，$LiNiO_2$ 也是具有 α-$NaFeO_2$ 型晶体构型，六方晶系，属于 R-3m 空间群。其晶胞参数 a 是 0.2878nm，c 是 0.1419nm，而 Li^+ 和 Ni^{3+} 离子各自占据着氧密堆积构成八面体空隙的 $3a$ 和 $3b$ 位点，O^{2-} 则占据着 $6c$ 位置。$LiNiO_2$ 材料具有高达 275mA · h/g 的理论放电比容量，而在实际应用中，$LiNiO_2$ 的放电比容量也能到达 190~210mA · h/g。但由于在 $LiNiO_2$ 材料中镍元素是以正三价存在，且极其不稳定，容易形成 Ni^{2+}，又因为 Li^+ 和 Ni^{2+} 离子半径十分靠近，容易发生 Li^+/Ni^{2+} 阳离子混排，致使 $LiNiO_2$ 材料结构非常不稳定，使其难以进一步得到应用。

随着对层状结构 $LiCoO_2$ 和 $LiNiO_2$ 的深入研究，同样具有层状结构的 $LiMnO_2$ 材料也得到了很多关注。$LiMnO_2$ 材料凭借着放电容量高、能量密度大、对环境友好、锰资源丰富及价格低廉等优点成为较有前途的正极材料。层状 $LiMnO_2$ 材料有 4 种结构，分别为：正交型 o-$LiMnO_2$，属于 Pmnm 空间群；四方形 t-$LiMnO_2$，属于141/amd 空间群；菱方形 γ-$LiMnO_2$，属于 R3m 空间群；单斜型m-$LiMnO_2$，属于 C2/m 空间群。而在这 4 种结构中，具有单斜型结构的 $LiMnO_2$ 材料是研究较多的一种。单斜型 m-$LiMnO_2$ 同 $LiCoO_2$ 和 $LiNiO_2$ 一样，拥有α-$NaFeO_2$型晶体结构。其中，O^{2-} 以微扭曲的立方堆积紧密排列，锰处在氧堆积的八面体层，而锂处在相邻的八面体层之间，$LiMnO_2$ 的晶胞参数 a 为 0.543nm，b 为 0.281nm，c 为 0.538nm。层状单斜型 $LiMnO_2$ 在理论上比容量高达285mA · h/g，是一种非常具有应用前景的锂离子电池正极材料。但是，单斜型 m-$LiMnO_2$ 材料是热力学不稳定相，在充放电的过程中，当 m-$LiMnO_2$ 材料处于锂脱出状态时，极易向尖晶石相转变，致使其电化学性能急剧地下降。上述缺陷严重阻碍了锰酸锂进一步发展与应用。

B　尖晶石结构的 $LiMn_2O_4$

自从 Thackeray 等人在 1983 年第一次提出尖晶石型 $LiMn_2O_4$ 电极材料后，该材料凭借着价格低廉、环境友好、制备工艺简单以及大倍率下电化学性能极佳等优点发展成为较有潜力的锂离子电池正极材料。尖晶石型的 $LiMn_2O_4$ 是立方尖晶石结构，属于 Fd3m 空间群，拥有锂离子三维通道。在材料中，氧原子以紧密的立方堆积出现，MnO_6 组成八面体骨架结构，在晶胞中，锂、锰和氧三种元素各自占据着八面体的 $8a$、$16d$ 和 $32e$ 位，其晶体结构如图 4-32 所示。$LiMn_2O_4$ 材料的晶格参数 a = 0.8245nm，在理论上，其比容量为 148mA · h/g，而在实际中，其比容量为 120~130mA · h/g。尽管其有较明显的优点，但 $LiMn_2O_4$ 也有不少缺陷：

(1) 理论容量不高；

(2) 高温性能差，高温条件下，容量衰减迅速；

(3) 锰的价态多，难以制备出纯的 $LiMn_2O_4$。

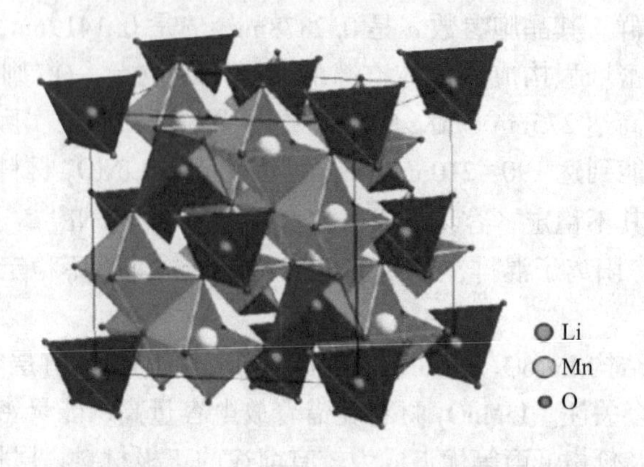

图 4-32　尖晶石结构 $LiMn_2O_4$ 材料的晶体结构示意图　　扫一扫查看彩图

C　橄榄石型 $LiMPO_4$（M=Fe、Co、Mn）

自从 Goodenough 等人在 1997 年报道了橄榄石型 $LiMPO_4$ 材料后，$LiMPO_4$ 材料便得到了极为广泛的关注和快速发展。具备橄榄石型 $LiMPO_4$ 结构的有 $LiFePO_4$、$LiCoPO_4$、$LiMnPO_4$ 等，在众多橄榄石型构造的 $LiMPO_4$ 材料中，$LiFePO_4$ 材料凭借资源丰富、无毒、对环境友好等优点已经成功商业化，并且在储能和动力电池中广泛应用。$LiFePO_4$ 材料属于 Pnmb 正交空间群，它的晶体结构如图 4-33 所示。$LiFePO_4$ 的晶格参数分别是 a 为 0.6008nm，b 为 1.0334nm 和 c 为 0.4693nm，在晶体结构中，氧原子以略微扭转的六方密堆积形式构成最基础的框架，而锂原子和铁原子分别处于氧原子八面体的 $4a$ 和 $4c$ 位上，形成 LiO_6 和 FeO_6 八面体；磷原子处于氧原子四面体的中心位，占据氧原子四面体的 $4c$ 位上，

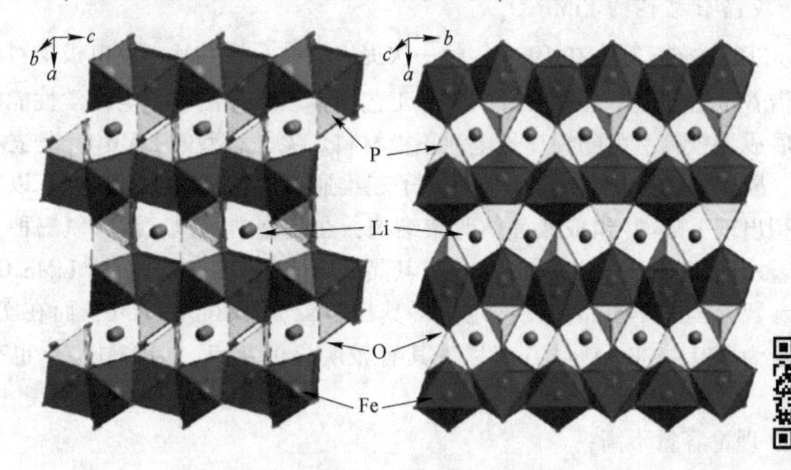

图 4-33　$LiFePO_4$ 材料的晶体结构示意图　　扫一扫查看彩图

形成 PO_4 四面体；而且 LiO_6 八面体、FeO_6 八面体与 PO_4 四面体交替衔接形成相似于脚手架的三维空间结构。同时，每个 FeO_6 八面体与其相邻的四个 FeO_6 八面体经过共用同一个氧原子互相衔接，两个 LiO_6 八面体之间经过两个氧原子互相衔接，而每个 PO_4 四面体与相近的 FeO_6 和 LiO_6 八面体共边，且彼此之间不连接。磷酸铁锂材料的理论比容量为170mA · h/g，放电平台在3.4V左右。由于磷酸铁锂材料的本征特性，其本征电子电导率和离子导电率都非常低，必须通过结构和表面包覆改性等方法才能应用，目前这些改性技术已经非常成熟，磷酸铁锂材料也已在动力电池和储能电池中大规模应用。

D　层状三元 $LiNi_xCo_yMn_{1-x-y}O_2$ 复合材料

a　层状三元复合材料 $LiNi_xCo_yMn_{1-x-y}O_2$ 的结构

近些年来，拥有层状结构的钴酸锂（$LiCoO_2$）、镍酸锂（$LiNiO_2$）和锰酸锂（$LiMnO_2$）等正极材料得到了很好的应用与研究，但这几种材料都有其自身不可避免的缺点。1999年，Liu等人首次报道了具有层状结构的 $LiNi_xCo_yMn_{1-x-y}O_2$ 三元复合正极材料，从此三元材料便进入了大家的视野。层状三元复合正极材料 $LiNi_xCo_yMn_{1-x-y}O_2$ 综合了钴酸锂（$LiCoO_2$）、镍酸锂（$LiNiO_2$）和锰酸锂（$LiMnO_2$）三种材料的长处，形成了一种镍钴锰的过渡金属嵌锂氧化物。其中，过渡金属镍钴锰以不同的配比形成了多种不同电极材料，主要有：$LiNi_{1/3}Co_{1/3}Mn_{1/3}O_2$、$LiNi_{0.8}Co_{0.1}Mn_{0.1}O_2$、$LiNi_{0.5}Co_{0.2}Mn_{0.3}O_2$ 和 $LiNi_{0.6}Co_{0.2}Mn_{0.2}O_2$ 等。$LiNi_{1/3}Co_{1/3}Mn_{1/3}O_2$ 材料是层状三元 $LiNi_xCo_yMn_{1-x-y}O_2$ 复合材料中最经典的材料。三元 $LiNi_{1/3}Co_{1/3}Mn_{1/3}O_2$ 材料和 $LiCoO_2$ 材料一样拥有层状结构，属于六方晶系，是 α-$NaFeO_2$ 晶体构型，为R-3m空间群。其晶胞参数 a 为0.2892nm，c 为1.4251nm，金属锂占据着3a位，过渡金属镍钴锰占据3b位，氧原子占据6c位，过渡金属镍钴锰和氧原子组成 MO_6 八面体，锂离子则在八面体中间嵌入和脱出，其晶体结构如图4-34所示。三元正极材料 $LiNi_{1/3}Co_{1/3}Mn_{1/3}O_2$ 的理论比容量为277.8mA · h/g，实际放电比容量能够达到160~200mA · h/g。尽管三元材料凭借着容量高、工作电压范围宽、低毒以及成本低等优点获得了广泛的关注，并且成功地商业化，但在应用中仍有些瑕疵需要解决，如：电子导电率低、循环稳定性差以及振实密度低等缺点。

b　层状三元材料 $LiNi_{1/3}Co_{1/3}Mn_{1/3}O_2$ 的合成方法

近些年来，三元材料 $LiNi_{1/3}Co_{1/3}Mn_{1/3}O_2$ 得到了深入的研究，其合成方法主要有固相法、共沉淀法、水热法和溶胶-凝胶等。

（1）固相法。固相法具有制备工艺简单和成本低廉等优点，广泛地应用于工业生产中。但是固相法难以制备颗粒均一的材料，且该方法一般在高温条件下

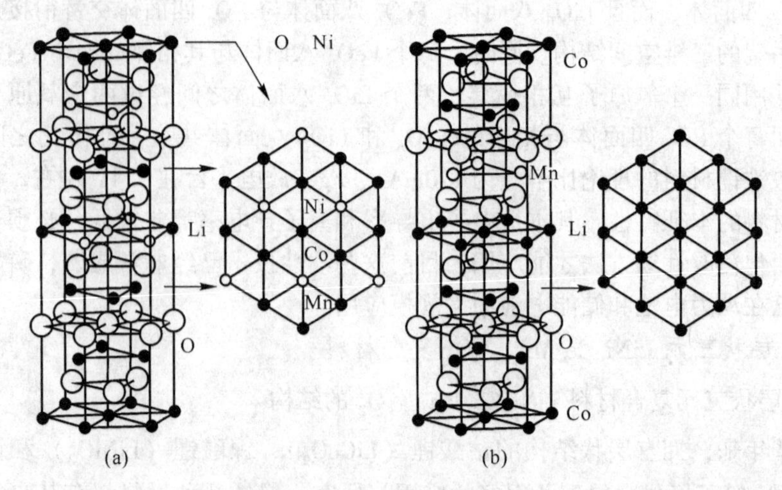

图 4-34 三元材料 $LiNi_{1/3}Co_{1/3}Mn_{1/3}O_2$ 的晶体结构示意图

合成从而造成耗能较高。孟焕平等人运用固相法、经过优化合成工艺制备了三元 $LiNi_{1/3}Co_{1/3}Mn_{1/3}O_2$ 材料，其制备出的三元材料在 100 个循环后仍有 90.7%的容量保持率，且在 5C 的放电倍率下首次放电容量仍有 126mA · h/g。

（2）共沉淀法。共沉淀法是采用沉淀剂将溶液中多种金属离子沉淀下来，将得到的沉淀物过滤、洗涤、热处理等，是合成三元材料常用的一种方法，它通常与高温固相法一起合用，一般先采用共沉淀法制备三元材料前驱体，接着加入锂源，混合均匀然后高温煅烧得到目标产物三元材料。此方法操作简便、工艺简单且成本低廉。

（3）水热法。水热法通常是在密闭环境中通过对材料的水溶液加热提供一个高温、高压的外在条件来制备目标产物的一种方法。该方法通常能够得到粒径均匀、物相均一、纯度高和结晶性好的材料。但是，水热法制备材料需要高温、高压环境，对设备要求比较高，提高了生产成本。

（4）溶胶-凝胶法。溶胶-凝胶法是制备三元正极材料的一种常用方法，首先，将原材料溶解混合均匀，再通过络合剂使材料形成凝胶，最后高温煅烧得到所需的目标产物。该方法能够使材料得到充分混合，得到粒径相对均匀统一的粒子。

（5）工业制备方法。三元材料工业上的制备流程如图 4-35 所示。一般三元材料成品的制备过程包括锂化混合、装钵、炉窑烧结、破碎、气流粉碎分级、批混、除铁、筛分、包装入库几大工序。

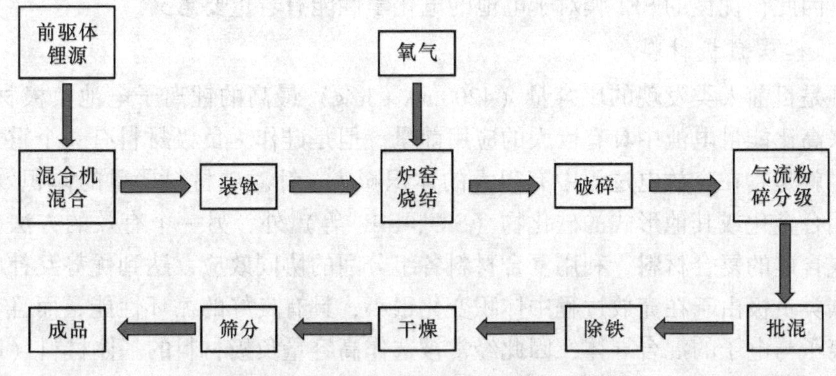

图 4-35 三元材料成品工业制备流程图

E 石墨负极材料

石墨类碳材料主要是指各种石墨及石墨化的碳材料，包括天然石墨、人工石墨和石墨改性材料。碳材料的结构决定碳材料的性质，对于用作锂离子电池的负极材料来讲，碳材料的表面结构和结构缺陷对电极的性能有着极大的影响。碳材料的微观结构是指构成碳材料的石墨片层或石墨微晶在空间的堆积方式。虽然不同的碳材料都是由二维的石墨结构的六角网面构成，在进一步积层形成晶粒的过程中，由集合形式的多样性导致了组织结构的多样性，因此也可以按其定向方式和定向程度将碳材料为层面完全杂乱堆积的无定型结构和具有某种规则性集合的定向结构两类。在高取向的材料中，有面取向、轴取向和点取向三种材料，实际的碳材料都是由其中一种或多种组成。

石墨晶体中，层面内的碳原子以共价键叠加在金属键上相互牢固结合，而层面之间仅靠较弱的范德华力连接。这种特殊的结构使石墨具有特殊的化学性质，一些原子、分子或离子可以嵌入石墨晶体的层间，并不破坏二维网状结构，仅使层间距增大，生成石墨特有的化合物，通常称为石墨层间化合物（Graphite Intercalated Compound，GIC）。根据嵌入物（客体）和六角网状平面层（主体）的结合关系不同，GIC 可以分成静电引力型和共价键型两大类。

锂离子电池在首次充放电过程中，即在锂离子开始嵌入石墨电极之前（>0.3V），有机电解液会在碳负极表面发生还原分解，形成一层电子绝缘、离子可导的钝化层，这层钝化层被称作固体电解质界面（Solid Electrolyte Interface，SEI）膜。SEI 膜的形成一方面消耗了有限的 Li^+，减小了锂离子电池的可逆容量；另一方面，也增加了电极、电解液的界面电阻，使得电极的极化增大，影响电池的大电流放电性能。但是，优良的 SEI 膜具有机溶剂不溶性，允许锂离子自由地进出碳负极而溶剂分子无法穿越，能够有效阻止有机电解液和碳负极的进一步反应以及溶剂分子共插对碳负极的破坏，提高了电池的循环效率和可逆容量等性能。因此，优良的 SEI 膜对于电池的电化学性能有着重要意义。

F 硅碳负极材料

硅是目前人类发现的比容量（4200mA·h/g）最高的锂离子电池负极材料，在未来高比能量电池中具有巨大的应用前景。但是硅作为负极材料有一个重大的缺陷，就是它在充放电过程中有很大的体积膨胀。针对硅材料严重的体积效应，除采用合金化或其他形式的硅化物（SiO、SiB_x 等）外，另一个有效的方法就是制备成含硅的复合材料。利用复合材料各组分间的协同效应，达到优势互补的目的。碳类负极由于在充放过程中体积变化很小，具有良好的循环性能，而且其本身是离子与电子的混合导体，因此经常被选作高容量负极材料的基体材料（即分散载体）。硅的嵌锂电位与碳材料，如石墨、MCMB 等相似，因此通常将 Si、C 进行复合，以改善 Si 的体积效应，从而提高其电化学稳定性。由于在常温下硅、碳都具有较高的稳定性，很难形成完整的界面结合，故制备 Si/C 复合材料一般采用高温固相反应、CVD 等高温方法合成。Si、C 在超过 1400℃时会生成惰性相 Si/C，因此高温过程中所制备的 Si/C 复合材料中 C 基体的有序度较低。

Si/C 复合材料按硅在碳中的分布方式主要分为以下三类。

a 包覆型

包覆型即通常所说的核壳结构，较常见的结构是硅外包裹碳层。硅颗粒外包覆碳层的存在可以最大限度地降低电解液与硅的直接接触，从而改善了由于硅表面悬键引起的电解液分解。另一方面，由于 Li^+ 在固相中要克服碳层、Si/C 界面层的阻力才能与硅反应，因此通过适当的充放电制度可以在一定程度上控制硅的嵌锂深度，从而使硅的结构破坏程度降低，提高材料的循环稳定性。

b 嵌入型

Si/C 复合材料中，最常见的是嵌入型结构，硅粉体均匀分散于碳、石墨等分散载体中，形成稳定均匀的两相或多相复合体系。在充放电过程中，硅为电化学反应的活性中心，碳载体虽然具有脱嵌锂性能，但主要起离子、电子的传输通道和结构支撑体的作用。这种体系的制备多采用高温固相反应，通过将硅均匀分散于能在高温下裂解和碳化的高聚物中，再通过高温固相反应得到。这类体系的电化学性能主要由载体的性能、Si/C 摩尔比等因素决定。一般来说，碳基体的有序度越高、脱氢越彻底，Si/C 摩尔比越低，两种组分间的协调作用越明显，循环性能越好。但是由于 Si/C 高温过程中易生成惰性的 Si/C，使得硅失去电化学活性，因此碳基体的无序度已成为嵌入型 Si/C 复合材料进一步提高其电化学性能的瓶颈问题。

c 分子接触型

包覆型和分子接触型的 Si/C 复合材料均是以纯硅粉直接作为反应前驱物进入复合体系。分子接触型的复合材料，硅、碳均是采用含硅、碳元素的有机前驱物经处理后形成的分子接触的高度分散体系，是一种相对较理想的分散体系，纳米级的活性粒子高度分散于碳层中，能够在最大程度上克服硅的体积膨胀。采用气相沉积方法，以苯、$SiCl_4$ 等为前驱物可制备分子接触型的 Si/C 复合材料。该材料的首次容量随硅的原子百分含量（质量分数）而变化，一般范围为 300～500mA · h/g 不等。当硅的含量（质量分数）小于 6%时，其容量与硅的原子百分含量（质量分数）呈线性变化，其嵌锂容量则远远小于硅的实际嵌锂容量，大约每分子的硅原子能嵌入 1.5 分子的锂离子，这可能是由于气相反应中不可避免地生成了部分惰性 Si/C 所致。

研究表明，前驱物分子硅源、碳源中存在大量的 H、O 等杂原子，降低了材料的结构稳定性，并增加了其嵌锂过程中的首次不可逆容量。此外，气相前驱物的高度反应性也限制了硅在体系中的相对含量（质量分数）。采用含硅聚合物与沥青为前驱物用高温热解法制备 Si/C 材料，其制备过程相对于气相沉积简单得多，且产物的可逆容量较高，可达 500mA · h/g 以上。但是制得的体系中残留着大量的 S、O 等性质活泼的元素，这些元素在体系中形成具有网络结构的Si-O-S-C玻璃体，在嵌锂过程中不可逆地消耗锂源，从而导致材料的首次不可逆容量偏高。

4.2.2 锂离子电池组装工艺

制备锂离子电池的工艺复杂、工序繁多，每一道工序都会对电池性能产生影响。这里所讨论的锂离子电池制造工艺为液态铝塑膜软包装电池，该锂离子电池制备工艺对环境要求比较苛刻，必须要在合适的温度、湿度下，才能保证所生产的电池质量，主要工艺流程如图 4-36 所示。具体来说，工艺主要分为三大部分。第一部分：制片工艺，又包括电池原材料预处理、搅拌、涂布、辊压、分切。第二部分：装配工艺，包括极耳焊接、卷绕、冷热压、入壳、顶侧封、注液、预封、静置、化成、抽真空封口。第三部分：性能检测工艺，包括老化、容量分选、内阻、电压测试，从而得到成品单体电池。

4.2.2.1 电池极片

锂离子电池极片分为正极极片和负极极片，电池极片制备过程主要包括配料搅拌、涂布、辊压、干燥和分切等。

根据活性物质、导电剂与黏结剂的比例以及固含量（质量分数）、电池预计生产数量计算出各物质实际用量比例，然后将溶剂、黏结剂、导电剂和活性物质分别加入高黏度真空搅拌机，在真空条件下经过一定时间混合搅拌分散均匀，且尽量保证没有气泡产生。搅拌效果直接影响电池性能，是非常关键的一步。国外一些锂离子电池厂认为搅拌工艺在锂离子电池整个生产工艺过程中对产品的品质影响度大于 30%，是整个生产工艺中最重要的环节。配料、搅拌基本工艺流程如图 4-37 所示。

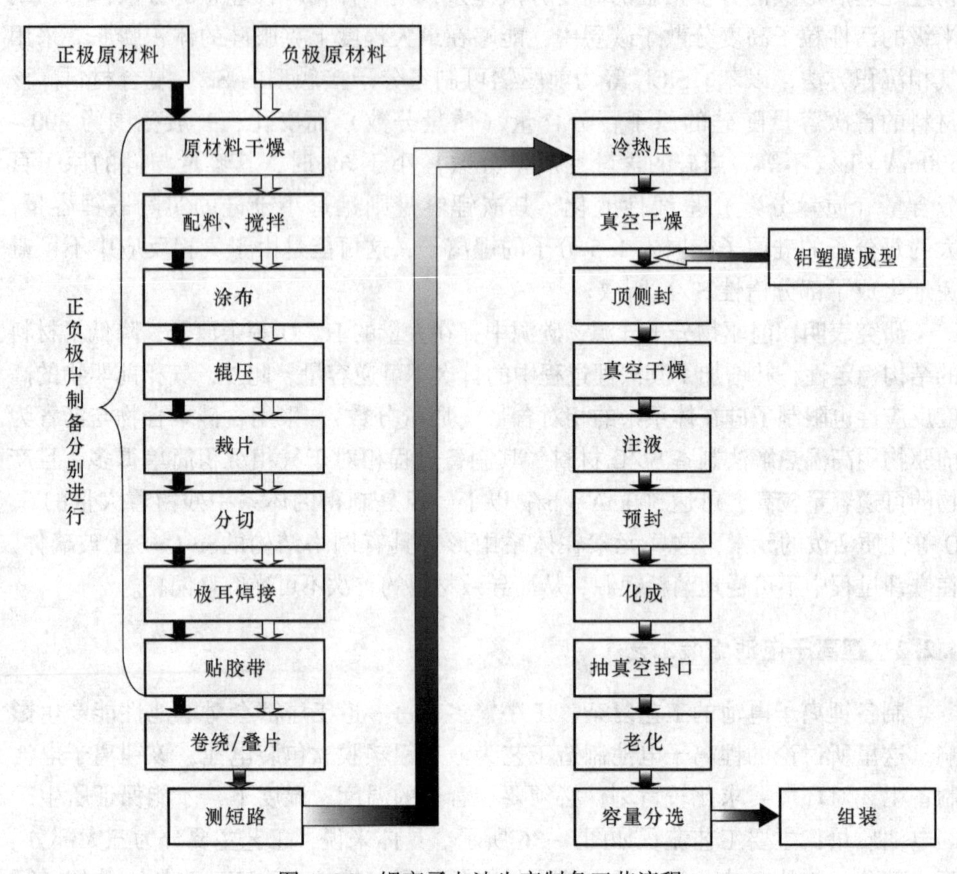

图 4-36　锂离子电池生产制备工艺流程

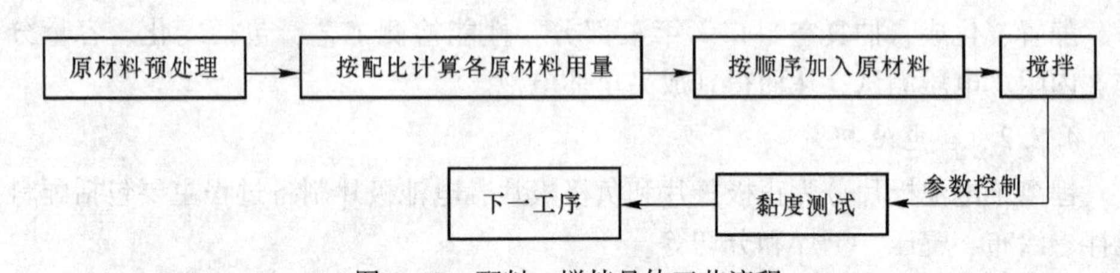

图 4-37　配料、搅拌具体工艺流程

工艺过程使用的设备及辅助设备包括干燥箱、真空高速搅拌机、黏度计、电子秤、玻璃杯等。

4.2.2.2　涂布

涂布是将搅拌均匀后的浆料涂覆在电极板上，然后通过一定长度的烘箱加热将溶剂除去，得到干燥极片。

工艺使用的主要设备及辅助设备包括：涂布机、上料系统、无尘纸、米尺、游标卡尺、圆形取样器和电子天平等。涂布具体工艺流程如图 4-38 所示。

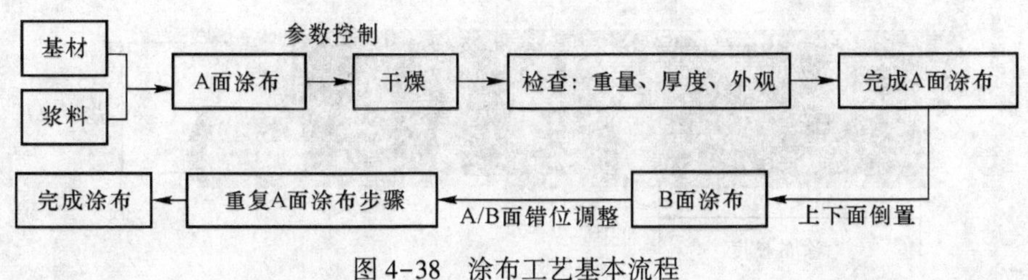

图 4-38 涂布工艺基本流程

涂布的方法有很多种，通常采用比较多的是辊式转移涂布，工作原理如图 4-39 所示。涂布机由涂布辊、背辊、刮刀辊和其他驱动系统组成。将搅拌均匀的浆料放入料槽，背辊、涂布辊同时转动，背辊上的浆料就转移到有电极片的涂布辊上，通过调整刮刀与背辊之间的间隙来调节浆料转移量，这样就实现了将浆料均匀涂覆在电极片上的过程。影响涂布质量的因素很多，涂布头的制造精度、涂布机运行速度、动态张力控制、平稳性、极片干燥方式、温度设定和风压大小等都会影响涂布质量。

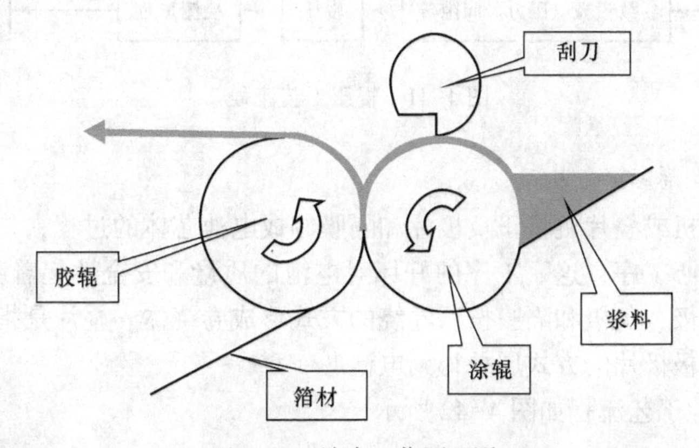

图 4-39 涂布工作原理图

涂布效果的好坏会直接影响到电池容量、内阻、一致性能以及电池安全性，因此涂布是电池制造工艺中非常关键步骤之一。涂布过程中主要参数示意图如图 4-40所示，过程需要控制的参数主要包括涂布面密度、长度、宽度、厚度等，同时还需要控制好合适的涂布干燥温度曲线，以保证极片充分干燥且无龟裂、卷曲等现象。

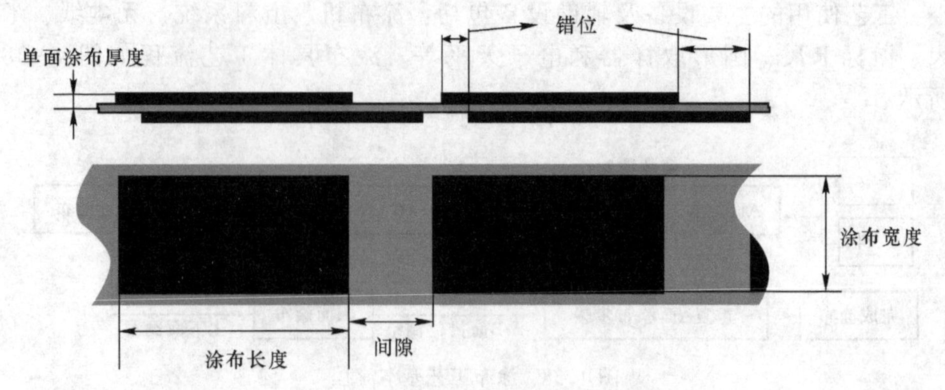

图 4-40 极片涂布主要参数示意图

4.2.2.3 辊压

辊压的目的在于使活性物质与箔片结合更加致密、厚度均匀。辊压工序在涂布完成且必须在极片烘干后进行，否则辊压过程中容易出现掉粉、膜层脱落等现象。辊压工艺流程如图 4-41 所示。

工艺使用的主要设备及辅助设备：辊压机、螺旋千分尺。

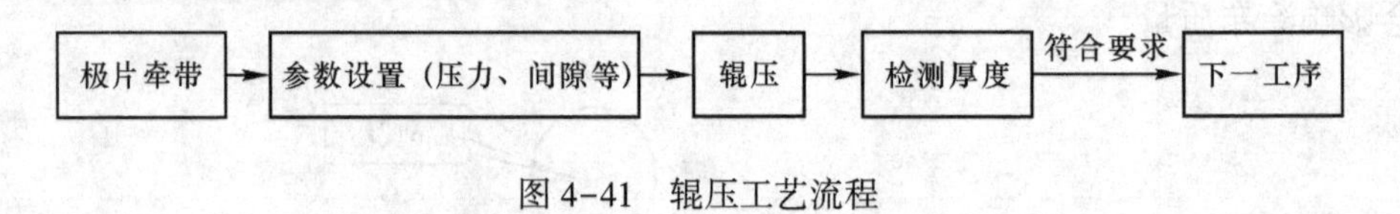

图 4-41 辊压工艺流程

4.2.2.4 卷绕/叠片

采用卷绕机或叠片机将正负极片和隔膜制成电池芯体的过程，是锂离子电池装配过程的核心工序，这一工序的好坏对电池的质量和安全性起着决定性作用。卷绕是指将正极、负极和隔膜按照卷绕的方式形成卷绕体。叠片是指按照负极极片、隔膜、正极极片的方式层叠得到电池芯。

卷绕/叠片工艺流程如图 4-42 所示。

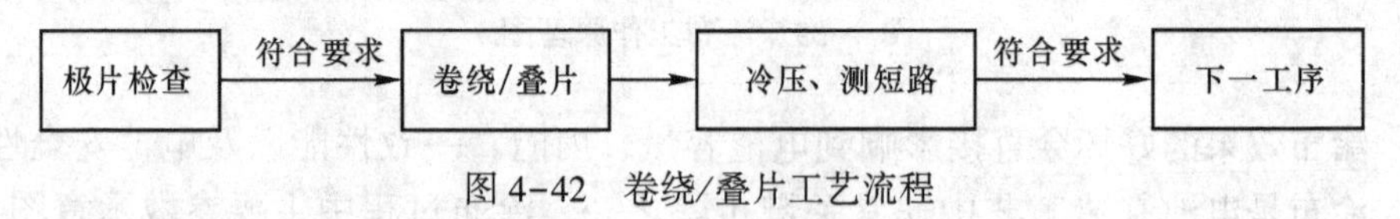

图 4-42 卷绕/叠片工艺流程

工艺所使用的主要设备及辅助设备：卷绕机/叠片机、短路测试仪。

卷绕与叠片工艺各有优势，一般来说，卷绕内阻较高，因为通常卷绕所用极片都采用单个极耳，而叠片则是每个小极片都有极耳，相当于多个小极片并联，内阻相对较小。同时由于卷绕采取单极耳，不适合大电流充放电，倍率性能不如叠片式电芯。另外叠片式还能根据需要做成形式多样的电池，卷绕式一般只能是圆柱体形。但在工艺控制方面，叠片相对而言更加复杂烦琐，人工叠片难度高且费时、费力，极片制备过程也复杂很多，电芯完成后将所有极耳焊接在一起也容易虚焊，难以操作；而卷绕式电芯，则不论人工卷绕还是采用半自动、全自动卷绕，都能保证质量好且用时少。综合而言，叠片式电池性能更胜一筹，但卷绕电池更容易制得，所以一般常规电池采用卷绕工艺，高倍率电池以及异形电池则可以采用叠片工艺。

4.2.2.5 注液

完成入壳、顶侧封等工序的电芯，在经过真空干燥工序后进行注液工艺。注液需要严格控制环境条件，必须控制水分、氧气等在一定的范围内，一般都在充满工业氮气的手套箱中进行。注液过程是将干燥好的电芯放入到手套箱中，利用高精度海霸（HIBAR）泵注入合适的电解液量，然后在真空操作箱中抽真空到-0.06MPa，使电解液充分浸润，再利用真空封口机进行预封，最后拿出手套箱等待进入下一工序。

工艺使用的主要设备及辅助设备：手套箱、电子天平、海霸泵、真空浸润箱、真空抽气封口机、托盘等。

工艺流程如图4-43所示。

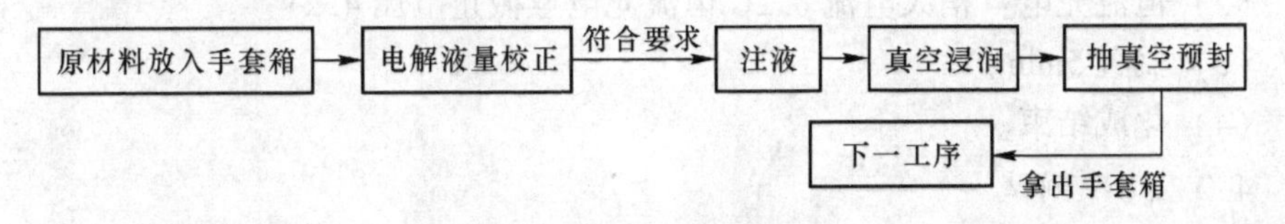

图4-43 注液工艺流程

4.2.2.6 封装

软包电池的封装一般分为三条封边，分别为顶封边、侧封边、最终真空封边，裸电芯装入铝塑膜凹坑后，一般先进行顶封，然后是侧封、最终真空封边。

顶封工艺十分复杂，因为顶封时有正极、负极极耳，既要保证铝塑膜PP层与极耳外表面的PP层粘接、密封良好，又要保证非极耳区铝塑膜PP层面对面的粘接、密封良好。侧封工艺相对简单，只需保证铝塑膜PP层面对面的粘接、密封良好。

最终真空封装工艺非常关键，是保证电池与外界水分隔绝的最后一条封边。而且，由于前工序化成时产生的气液混合物污染并粘在铝塑膜PP层的表面，又不能清洁，导致封装难度大大增加。

4.2.2.7 化成

化成过程实际上就是第一次给电池充电的过程，锂离子首次从正极活性物质中脱出嵌入到负极活性物质中，是电池电极活性物质活化的过程，是生产过程中的重要工序。化成工艺流程如图 4-44 所示。

工艺使用的设备与辅助设备：化成柜、夹板。

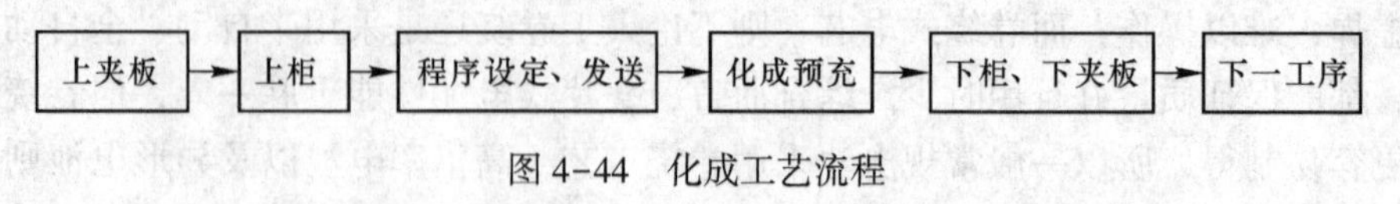

图 4-44 化成工艺流程

化成时锂离子首次嵌入负极活性物质中，在石墨碳负极表面生成 SEI 膜。在生成 SEI 膜过程中消耗的锂离子不能再参与充放电过程，所以第一次循环有部分容量不可逆。选择不同的化成制度形成的 SEI 膜也有所不同，传统小电流的化成方式有助于形成稳定的 SEI 膜，但耗时长效率低，且小电流化成会增大 SEI 膜阻抗；过大的电流也不利于 SEI 膜形成。

化成工序采用锂离子电池化成柜，能够同时对多个锂离子电池进行化成预充，可以尽量保证化成过程中各电池所处环境相同，但也要注意防止在特殊情况下各通道之间电流不均匀造成的电池化成不一致。为了形成均匀、稳定、致密的 SEI 膜，本书介绍两级阶梯式电流化成制度，化成方案设计如下所述。

（1）恒流充电：小电流 0. 05C 恒流充电至截止电压 3V。

（2）恒流充电：稍大电流 0. 2C 恒流充电至截止电压 4. 2V。

（3）搁置 5min。

（4）化成结束。

4. 2. 2. 8 测试

电池分选采用容量分选为主，电压、内阻测试分选为辅的方式，在电池化成完成后电池经过老化，利用化成柜对电池进行容量分选。

电池分选工艺流程如图 4-45 所示。

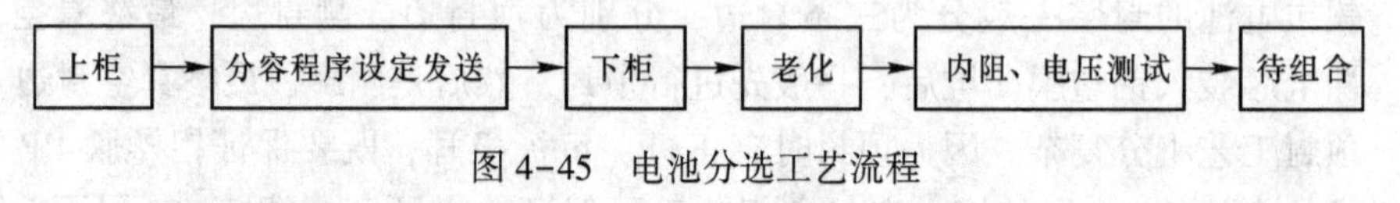

图 4-45 电池分选工艺流程

工艺使用的设备与辅助设备：锂离子电池化成柜、锂离子电池内阻测试仪。

工步一般设定如下所述。

（1）恒流充电：0. 5C 倍率电流恒流充电至截止电压 4. 2V。

（2）恒压充电：4. 2V 恒压充电至截止电流为 0. 05C。

（3）搁置 5min。

（4）恒流放电：0. 5C 倍率电流放电至截止电压 3V。

（5）搁置 5min。

(6) 工步 (1) ~ (4) 再循环一次。

(7) 恒流充电：0.5C 倍率电流恒流充电至截止电压 4.05V。

(8) 恒压充电：4.05V 恒压充电至截止电流为 0.05C。

(9) 结束。

电压、内阻测试：利用锂离子电池内阻仪对电池进行电压、内阻测试，挑选出电压或内阻不符合要求电池。

4.2.3 锂离子电池安全检测

4.2.3.1 锂离子电池安全检测内容

锂离子电池的安全性之所以备受关注，是由于以下原因：

(1) 电池能量密度很高，如果发生热失控反应，放出的热量很高，容易导致不安全行为发生。

(2) 锂离子电池采用有机电解质体系，有机溶剂是碳氢化合物，在 4.6V 左右易发生氧化，并且溶剂易燃，若出现泄漏等情况，会引起电池着火、燃烧、爆炸。

(3) 过充电会使正极材料具有很强的氧化作用，能使电解液中溶剂发生强烈氧化，反应引发的热量积累存在引发热失控的危险。

(4) 长期循环电池的负极上存在金属锂析出的可能。特别是单体容量高的电池，因热扰动可能会引发一系列放热副反应，最终导致热失控。

锂离子电池正常条件下使用通常是安全的，电池在滥用时产生大量的热，如热量不能及时逸出导致热失控，则电池发生毁坏，如猛烈的泄气、破裂并伴随着火，造成安全事故。热的来源如下所述：

(1) SEI 膜的分解：具有保护作用的 SEI 膜是亚稳态的，在 90~120℃ 会发生分解放热。

(2) 嵌入锂与电解液的反应：在 120℃ 以上，SEI 膜无法隔断负极与电解液的接触，嵌入负极的锂与电解液发生放热反应。

(3) 嵌入锂与氟化物黏结剂的放热反应。

(4) 电解液分解：在高于 200℃ 时发生分解并放热。

(5) 正极活性材料分解：在氧化状态，正极材料会放热分解并放出氧气，氧气又与电解液发生放热反应，或者正极材料直接与电解液反应。

(6) 过充电时沉积出的金属锂与电解液发生反应。

(7) 由于焓变、过电位和欧姆阻抗，电池在放电过程中也产生热量。

锂离子电池出厂前的检测可分为四大类：

(1) 电学测试：包含过充电、过放电、外部短路和强制放电。

(2) 机械测试：包含跌落、冲击、钉刺、挤压、振动和加速。

(3) 热测试：包含焚烧、沙浴、热板、热冲击、油浴和微波加热。

(4) 环境测试：包含减压、浸没、高度和抗菌性。

具体检测内容如下所述：

(1) 过充电。强迫外电流流经电池直到限制电压，考察电池在不同过充条件下的安全性，实际是考察当充电器和电流控制回路同时失灵时电池的安全行为，多用恒流过充电。如果电池通过该项测试，说明电池中的化学（含电解液的设计、材料的选择、正负极的容量比例等）设计以及结构设计合理，足以抵抗外界各种热扰动。

(2) 过放电。该试验假设电池被滥用、充电器端子连接被逆充电或多个电池串联使用的状态下，因电池容量参差不齐，容量低劣的电池被强制放电的情况。在逆充电时能预料到的危险是：引起电池内的异常化学反应导致内压上升或温度上升。其结果是在极端的情况下有电池破裂或起火的可能性。

(3) 短路。该测试是为了考察当电池因意外使正负极端子短接后发生的热行为。标准规定短路电阻为 0.1Ω 以下，将正负极短接后，电压迅速降低、电流瞬间增大，短路引起的能量累积可能引发电池内的相关反应发生。

(4) 热箱。该实验用来模拟电池或装有电池的仪器放在热的环境中、随着温度升高电池的忍耐限度。测试中将被测电池放在烘箱中，从某个初始温度开始对其进行加热到事先设置好的较高温度（如 130℃ 和 150℃）。由于电池与烘箱同步升温，这样随着温度升高，会逐步触发电池内的反应，以此来考核电池是否安全。

(5) 钉刺。钉刺实验的热产生于电流流经电池和钉子，过程分为钉子在电池外、进入壳体、留在电池内三个阶段；钉子进入电池开始引起相邻极片短路，它关注的是某个局部；当钉子穿透电池壳体时会造成电解液挥发，与空气接触，如果内短路造成电池内某些放热反应发生，达到溶剂的燃点时，可能会引起着火现象。不同尖钉的直径以及尖钉进入电池内的速率都对测试结果产生影响。

(6) 挤压。电池内部正负极片因受压逐步增大接触力量，由于电池处于满充电状态，此时隔膜如果出现问题就会使正负极片接触，造成内部短路，由此产生的温升可能诱发一些放热反应而导致热失控。

(7) 重物冲击。该项测试包含两层含义：一层含义是 10kg 的重锤将 1m 高处的势能转化为动能加给电池，即直径为 15.8mm 的圆锤获得该动能后瞬间砸在电池上，电池内部正负极片瞬间被挤压，如果隔膜此时不能有效隔离正负极，会造成正负极内短路，将引发电池内部的放热反应，可能引发热失控。另外一层含义是考察电池是否会变形。

(8) 耐热安全性。该方法是事先将烘箱升到预期测试温度，烘箱恒温后，将事先粘好热电偶的实验电池迅速放入烘箱中。此时，电池表面温度会很快上升并逐步达到设定温度。电池在升温的过程中，会快速引发一些放热反应发生，用该方法判断电池的最高耐热安全温度和最低起火温度。

(9) 枪击。对于安全性能要求很高的军用、EV 和 HEV 电池（或组），必须进行枪击实验，这是很苛刻的安全测试。按照军标要求对满充电电池在靶场用半自动步枪距离电池 50m 处进行射击，子弹直径为 7.62mm。

4.2.3.2 锂离子电池管理系统

锂离子电池，尤其是锂离子电池组在应用过程中会出现很多问题，需要对电池组（pack）进行管理，简称锂离子电池管理系统（BMS）。BMS 还是联系电池组和动力汽车或储能装置的重要纽带，其主要功能如下所述：

(1) 充放电控制：针对电池的过充、过放、过温、过流、容量异常等进行监测。

(2) 均衡控制和热管理：将各单体电池的差异约束控制在合理范围内。

(3) 电池数据采集及剩余电量估算，状态采集及实时状态监控。

(4) 实时通信联络：负责与其他电池模块或负载之间的实时通信联系。

4.2.4 锂离子电池梯次利用及回收技术

4.2.4.1 锂离子电池梯次利用现状

近年来，随着能源和环境的问题日益加剧，电动汽车业得到了蓬勃的发展，动力电池也开始大量生产。2013 年我国新能源汽车应用已初具规模，全年销量 1.8 万辆，此后几年新能源汽车销量持续快速增长。中汽协数据显示，2020 年新能源汽车产销分别完成 136.6 万辆和 136.7 万辆，同比分别增长 7.5%和 10.9%，产销量连续 6 年蝉联世界第一。新能源汽车的快速增长意味着动力电池市场规模和动力电池回收的市场规模将进一步扩大。数据显示，2015~2020 年，我国全年动力电池装机量从 16GW·h 增长至 63.6GW·h，年复合增长率超过 50%。从动力电池使用寿命来看，动力锂电池的使用年限一般为 5~8 年，有效寿命为 4~6 年。招商证券研报分析称，如果按照动力电池 4~6 年的使用寿命来测算，2014 年生产的动力电池在 2018 年开始批量进入退役期，从 2021 年开始我国将迎来第一批动力电池退役高峰期。随着动力电池退役潮的如期而至，退役后的动力电池何去何从正成为不容忽视的问题。

国家《节能与新能源汽车产业发展规划（2011—2020）》明确提出要制定动力电池回收利用管理办法，建立动力电池梯级利用和回收管理体系。

2015 年，中共中央提出了“供给侧结构性改革”，去产能、去库存、调结构等成为经济发展新动力的重要路径，也成为广大生产制造企业绿色生产、可持续发展的重要指南。因此电动汽车行业也应当有效地提升产业的周期寿命和利用效率。而动力电池作为电动汽车的核心，对其进行有效的回收和梯次利用，不仅提高了供给侧的质量，也能节约能源，满足效益。对动力电池进行梯次利用势在必行。

2011年以来，北京、上海、深圳等7个省市的碳排放权交易试点充分体现了以市场手段推进碳减排的良好效果，随着全国碳排放交易市场的启动与规范，动力电池梯次利用所带来的碳排放减少贡献及相关收益将更加明显，并将吸引更多的社会资本进入这一领域，促进其进一步的发展与推广应用。

A　国内外动力电池梯次利用发展现状

目前对动力电池回收利用主要有两种方式：一是对于电池容量损耗严重，无法继续使用的电池进行拆解，回收有利用价值的再生资源；二是对废旧动力电池进行梯次利用。

梯次利用主要是针对电池容量低于80%而无法继续用于电动汽车的动力电池，这些电池虽无法继续用于电动汽车，但却未报废，仍可以继续用于其他储能等方面；对于损坏严重而无法二次利用的电池，对其实施资源化处理，进行检测、拆解等，回收利用重金属等有用资源。通过梯次利用，不仅可以让动力电池性能得到充分的发挥，有利于节能减排，还可以缓解大量动力电池进入回收阶段给回收工作带来的压力。目前动力电池的梯次利用在国内外均处于开始研发阶段，但已经可以看出，这将是电动汽车动力电池的主要落脚点。

目前动力电池的梯次利用主要在储能领域，也有商用领域及研发领域。在国外，像美国、日本、德国等国家，动力电池的梯次利用早已经进行了研究，而且具有很好的成功典例。例如，美国 Free Wire 公司将退役动力电池应用于电动汽车充电宝产品 Mobi Charge，为所有电动汽车充电，同时为其装备滚轮以便移动为写字楼等区域提供使用。

我国对于动力电池的梯次利用研发起步较晚，在技术应用方面还没有达到成熟，但是我国近年来一直投身于动力电池的梯次利用研发中，并取得相当好的成果。例如，河南省于2014年8月在郑州市尖山真型输电线路试验基地建成的“退役动力电池储能示范工程”是国内首个真正意义的基于退役动力电池的混合微电网系统，是由多晶硅光伏发电系统、风力发电系统、退役电池储能双向变流器以及退役电池储能系统组成的风光储混合微电网工程。表4-9列举了国内外动力电池梯次利用的一些成功典例。

表4-9　国内外动力电池梯次利用典例

国家和地区	应用领域	参与主体	应用情况
日本	家庭、商业储能	4R Energy 公司（日产汽车与网友集团合资成立）	将日产 Leaf 汽车的二手电池用于住宅和商用的储能设备
日本、美国	家庭储能	美国 EnerDel 公司、日本伊藤忠商社	在部分新建公寓中推广动力电池梯次利用

续表 4-9

国家和地区	应用领域	参与主体	应 用 情 况
美国	移动电源/小型商用	美国 Free Wire 公司	推出电动汽车充电宝产品 Mobi Charger，充电对象是所有电动汽车，装有滚轮方便移动，主要面向写字楼等工作区域
德国	电网储能	TUV 南德意志集团	由德国能源与气候研究机构的基金支持，在柏林开展动力电池梯次利用储能项目的研究和应用示范工程
德国	电网储能	博世集团、宝马（提供电池）、瓦腾福公司（运维）	博世集团利用宝马 Active E 和 i3 纯电动汽车的退役电池，在柏林建造 2MW/2MW·h 的大型光伏电站储能系统
中国北京	商业储能	中国电科院、国网北京市电力公司、北京交通大学	大兴电动出租车充电站“梯次利用电池储能系统示范工程”，容量为 100kW·h，用于调节变压器功率输出、稳定节点电压水平，于 2014 年 6 月 19 日通过验收
中国河北唐山	电网储能	国网冀北电力有限公司唐山供电公司、北京交通大学	曹妃甸“梯次利用电池储能系统示范工程”，容量为 25kW/100kW·h，用于调节变压器功率输出、稳定节点电压水平、移峰填谷，并保证用户供电可靠性和电能质量，可离网运行
中国北京	低速电动车/电网储能	国网北京市电力公司、北京工业大学、北京普莱德新能源电池科技有限公司	北汽新能源汽车产业基地“汽车动力电池系统梯次利用及回收示范线”，利用退役的动力电池，在电动场地车、电动叉车和电力变电站直流系统上进行改装示范，经实测回收电池性能上相比传统铅酸电池有一定的优势，且经济性较好
中国河南郑州	电网储能	国网河南电力公司、南瑞集团	河南省于 2014 年 8 月在郑州市尖山真型输电线路试验基地建成“退役动力电池储能示范工程”，是国内首个真正意义的基于退役动力电池的混合微电网系统，由多晶硅光伏发电系统、风力发电系统、退役电池储能双向变流器以及退役电池储能系统组成的风光储混合微电网工程
美国	综合研究	美国 Sandia 国家研究室	针对车用淘汰电池的二次利用研究，主要针对电池梯次利用的领域、经济性、示范规模等的初步研究

续表 4-9

国家和地区	应用领域	参与主体	应用情况
中国 广东深圳	技术/商业可行性	深圳市比克电池有限公司	建立“废旧新能源汽车拆解及回收再利用项目”，引进动力电池再利用生产线，将动力电池运用于储能、供电基站、路灯、电动工具及低速电动车、风能/太阳能发电储能领域

注：该表由参考文献或网络资料整理所得。

B 锂离子电池梯次利用存在的主要问题

a 旧电池性能的技术问题

(1) 旧电池性能下降，安全性、稳定性不如新电池，梯次利用动力电池的性能指标不如新电池是不争的事实，而且其稳定性、安全性也都不如新电池的状态。

(2) 由于车载使用阶段动力电池系统空间狭小，电池热场分布和热量管理的有效性直接影响到摆放在不同位置上的电池温度差异，使得电动汽车退役动力电池的老化状态存在不一致性。

(3) 电池管理系统的鲁棒性，电池管理系统的设计一直是个世界级的难题。针对电池组的优化管理，尚无非常有效的解决方案。

b 旧电池利用的经济性问题

(1) 旧电池回收利用存在时间和经济成本，性价比存疑，整个回收利用的前期准备过程会耗费一定的时间、人力、物力和财力，这样的时间成本与经济成本成为旧电池回收利用必须要考虑的一个环节，也对梯次利用动力电池的性价比产生了影响。

(2) 市场规模扩大、新电池价格下降等将使旧电池失去价格优势。

(3) 产业链整合的挑战。动力电池的梯次利用产业涉及用户、车企、电池企业、梯次利用企业等，产业链的有效整合是必须要考虑的。如果仅仅是后端的梯次利用企业获利，那么用户、车企及电池企业就没有足够的动力去参与和推动动力电池的梯次利用，产业规模就难以扩大。

(4) 商业模式创新的挑战。对于动力电池的梯次利用，其产品的可靠性、安全性会受到质疑，产品的市场推广存在阻碍，因此，商业模式创新将会是另一个挑战。

C 国内外梯次利用相关法规政策

目前，发达国家主要用法律来保障防治电池污染和废旧电池的二次利用。通过建立健全完善的法律法规，实施“延伸生产者责任”制度，利用法律的约束力监管整个电池生命周期的各个相关主体，使其履行法律规定的义务且承担规定的责任，对违反法律法规行为进行严厉的惩罚。

a 国外动力电池回收利用相关政策

美国针对废旧电池的回收利用，采取了延伸生产者责任和押金制度。在美国颁布的《含汞电池和充电电池管理法》中对废旧二次电池的生产、收集、运输、贮存等过程提出相应技术规范，同时明确了有利于后期回收利用的标识规定。纽约和加州的产品管理法案要求制造商在不牺牲消费者和零售商利益的前提下制定电池收集和回收的计划。对于电池回收，美国国际电池协会制定了押金制度，促使消费者主动上交废旧电池产品。同时美国政府推动建立电池回收利用网络，采取附加环境费的方式，通过消费者购买电池时收取一定数额的手续费和电池生产企业出资一部分回收费作为产品报废回收的资金支持，同时废旧电池回收企业以协议价将提纯的原材料卖给电池生产企业，此种模式既能让电池生产企业很好地履行相关责任义务，在一定程度上又保证了废旧电池回收企业的利润，落实了生产者责任延伸制度。

欧盟则是制定了生产者承担回收费用的强制制度保证废旧电池的回收，德国具有较为成熟的回收领域，且已经建立健全相关法律法规。在德国，要求电池生产和进口商必须在政府登记，同时经销商要组织收回机制，从而配合生产企业向消费者提供免费回收电池地点；最终用户有义务将废旧电池交给指定的回收机构。

日本则是建立了“蓄电池生产—销售—回收—再生处理”废旧电池回收体系，在电池回收利用方面日本在全球都是走在最前沿的，该回收体系早已成熟应用。

b 国内动力电池回收相关政策

2016 年 1 月 5 日，国家发展改革委、工业和信息化部、环境保护部、商务部、质检总局制定发布了《电动汽车动力蓄电池回收利用技术政策（2015 年版）》(以下简称政策)。在我国发布的众多政策中，该政策是首部提及动力电池回收利用的。《政策》在动力蓄电池设计和生产、废旧动力蓄电池回收与利用方面做了详细的规定，总体要求动力电池回收利用应当在技术可行、经济合理、保障安全和有利于节约资源、保护环境的前提下，按照减少资源消耗和废物产生的原则实施。落实生产者责任延伸制度，要求各企业分别承担各自生产使用的动力蓄电池回收利用的责任，报废汽车回收拆解企业应负责回收报废汽车上的动力蓄电池，同时要求国家有关部门加强指导和监管各有关企业。

在动力蓄电池设计和生产方面，《政策》规定绿色设计，确保动力蓄电池能从整车上安全、环保的拆卸；动力蓄电池设计材料无毒无害，尽量使用可再生材料；要求汽车生产商和动力蓄电池生产商分别向卖家提供动力蓄电池拆卸与拆解技术信息，同时要求动力蓄电池生产商对生产的电池进行编码，更换电池也必须记录，以便动力蓄电池的流向可追溯。

在废旧动力蓄电池回收方面，《政策》指出应建设回收网络，加快、加强对动力蓄电池的回收，并对回收的动力蓄电池进行详细的信息统计，然后上报。政策中规定，回收企业必须符合规定的回收条件，在对回收的废旧动力蓄电池的拆卸、贮存、运输和放电处理上都要达到规定要求。

在废旧动力蓄电池利用上，《政策》指出应遵循先梯次利用后再生利用的原则，提高资源利用率。在对可进行梯次利用的动力蓄电池利用时要规范，进行必要的监测、分类、拆解和重组，并标明梯次利用标签。对于不可梯次利用的动力蓄电池进行再生利用，规范拆解、热解、破碎分选、冶炼等操作。

《政策》提出，鼓励企业制定动力蓄电池回收制度，研发梯次利用技术，从而使得动力蓄电池达到最大化的利用价值。

D 动力电池梯次利用发展趋势及建议

(1) 我国新能源汽车近年来处于爆发式的增长，伴随着的是动力电池突飞猛涨，而我国第一代动力电池面临着退役，动力电池梯次利用在我国市场有着很好的开启与发展。目前，动力电池的梯次利用主要用于储能方面，同时在商业领域也有着较好的发展，动力电池梯次利用的研发也正激烈的进行，动力电池的梯次利用蓄势待发，将会有很好的市场。

(2) 在废旧电池回收体系上应做到体系建设完善，例如在动力电池的拆解，检测、重组等方面，做到技术标准规范，对回收企业进行技术指导与培训，确保技术人员的安全，同时也保证回收效率达到最大。

(3) 在政策方面应该做到完善健全，指向明确。

4.2.4.2 退役电池的回收利用技术

目前处置退役电池的方法主要包括处置、回收和再利用。处置意味着质量低下的退役电池将被丢弃或填埋，因为电池内部含有大量的可回收和有价值的各种金属材料，所以这种处置方法通常会造成巨大的浪费，而且重金属和电解质会对土壤和水环境造成严重且不可逆的污染和破坏，从环境和经济角度而言，此方法不是首选。退役电池中有价值的材料可以通过回收进行再利用，传统的回收过程可以回收有价值的金属，如钴、镍、锂等，而新颖的方法可以直接从废旧锂电池中再生阴极材料。而再利用意味着将那些已退役但仍然保留一定功能的电池进行回收分类后再次投入使用，与回收和处置相比，再利用充分发挥了动力电池的潜力。应该注意的是，与上述两种方法不同，要优先选择具有剩余价值的电池进行再次利用，在重复使用之后，出现不良性能的动力电池将被回收或处置。

A 退役电池处置

退役电池可被视为城市固体废物，大部分可处置的电池被送到垃圾填埋场，其他小部分则被送到废物能源设施进行焚化。当退役电池被丢弃在垃圾填埋场时，随着其外部包装的降解或破坏，电池内部的可浸出金属（例如钴、铜、镍、铝等）会慢慢浸入环境中从而造成污染。虽然可以将废旧电池进行焚化处理产生一些能量，但是电池中所含的钴和镍之类的非挥发性金属会集中在燃烧灰烬的底部，而这些灰烬将会以垃圾填埋的方式处理，同样会造成环境污染；此外，在燃烧过程中，隔板和电解质会产生大量有毒气体，包括 CO、HF、SO_2、NO_x 和 HCL 等，这些可能会危及生命，并造成不可逆转的健康影响。

B　退役电池回收

退役电池的回收可以带来重要的经济和环境效益，其所含的宝贵材料可以回收并参与循环经济，从而缓解对原始资源的需求。由于高度可扩展性和易于处理，回收被认为是退役电池最广泛应用的解决方案。回收时必须面对不同的电池组结构，不同形状的电池和各种活性电池，而且回收过程相当复杂，但可以将其大致分为两个阶段，即预处理阶段和有价值材料提取阶段。废锂离子电池的回收过程示意图如图 4-46 所示。

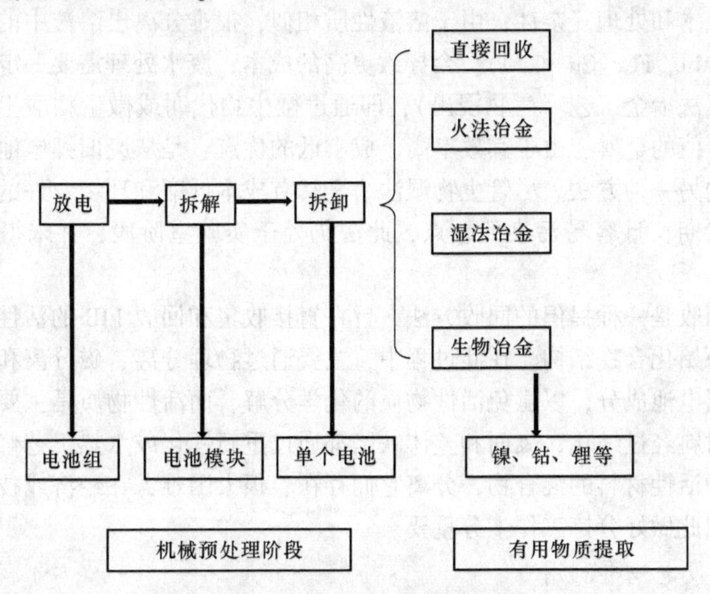

图 4-46　废锂离子电池的回收过程

预处理方法主要包括卸料、拆卸、粉碎、筛分和分离。由于阴极材料在废旧电池中所占的价值比例最高，因此目前的回收过程主要集中在从阴极材料中回收高价值金属，包括火法冶金、湿法冶金、生物冶金和直接回收技术。

火法冶金工艺是一种高温冶炼工艺，通常涉及两个步骤：首先，LIB 在冶炼厂中燃烧，其中的化合物被分解，塑料和分离器等有机材料被烧毁。然后通过碳还原产生新的合金。在随后的步骤（通常是湿法冶金）中，进一步分离金属合金以回收较纯的材料，在这个过程中，仅能以最大的效率回收钴、镍和铜等昂贵的金属。阳极、电解质和塑料被氧化，为该过程提供能量。锂被包裹在熔渣中，需要通过额外的处理（伴随着相关成本和能源）进行回收。铝作为熔炉中的还原剂，减少了对燃料的需求。

热冶金工艺的主要优点是：简单而成熟；不需要分拣和减小尺寸，可以回收利用 LIB 和 NiMH 电池的混合物。主要缺点是：在冶炼过程中产生 CO_2 和高能耗；合金需要进一步加工，增加回收成本；LIB 中的许多材料（例如塑料、石墨和铝）未回收。

在湿法冶金过程中使用水化学方法，通过在酸或碱中浸出并随后进行浓缩和纯化来实现物料回收。对于 LIB，溶液中的离子通过采用离子交换、溶剂萃取、化学沉淀和电解等技术进行分离，然后以不同的化合物形式沉淀。湿法冶金工艺的主要优点是：可生成高纯度材料；可回收 LIB 的大多数成分；低温操作；与火法冶金工艺相比，CO_2 排放量较低。其主要缺点有：需要分类，这增加了存储空间、处理成本和处理复杂性；由于溶液性质相似，很难分离出溶液中的一些元素（Co、Ni、Mn、Fe、Cu 和 Al），会导致更高的成本；废水处理需要一定的费用。

生物湿法冶金工艺（生物浸出），即通过微生物代谢或微生物酸生产从废料中提取有价值的金属，由于其效率高、成本低的优点，是从废旧锂电池中回收有价值材料的另一种方法。尽管生物湿法冶金具有成本低廉和环境友好的优点，但由于其潜伏期长且容易污染的缺点，此法仍处于实验室阶段，并未得到广泛的应用。

直接回收是一种提倡的回收方法，旨在直接收集和回收 LIB 的活性材料，同时保留其原始化合物结构。在此过程中，主要通过物理分离、磁分离和适度的热处理来分离电池成分，以避免活性物质的化学分解，而活性物质是主要的回收目标。活性材料经过纯化，表面和整体缺陷都通过重新锂化或水热工艺修复。然而阴极是多种活性材料的混合物，分离它们存在着很大困难，在经济或技术上可行性较差，因此做好分拣工作十分重要。

C　退役电池再利用

在失去 20%～30%的初始容量后，退役 LIB 可能无法满足电动汽车的使用要求，但是仍然具有较大的剩余容量，将其投入到其他领域继续使用显然比回收更具经济效益。一般而言，退役 LIB 的再利用有两种主要途径：再制造和重新利用。

再制造是指对退役的 LIB 进行改装，以满足原始设备制造商所指定的标准，例如容量、功率和寿命等。经验数据表明，电池功能退化通常是由一小部分电池组引起的。因此，通过识别出故障的电池或模块并将其替换为合格的组件，将一组退役电池组转换为数量较少的合格电池组。再制造过程通常包括全面的电池测试、电池组拆卸、电池拆解和更换以及电池组重新组装。再造电池组可应用于汽车或零配件市场。与新产品相比，再制造可以节省约40%的成本，但目前尚无大规模再制造的应用。

梯次利用是退役 LIB 再利用的另一种方式。退役的电池可以在功能要求较低的应用中开始第二次使用，例如能量存储系统（ESS）、调峰和负荷转移等。与再制造相似，重新利用的过程包括测试，电池组拆卸和更换损坏的电池。可根据能量水平、用途甚至移动程度对重新利用电池的应用进行分类，方案可分为工业、商业和住宅相关应用。根据移动程度，这些场景可分为固定（如风力发电储存系统）、准固定（如建筑工地的能源供应）和移动场景（如叉车中的电源）。

5 电 镀 工 艺

5.1 电镀工艺分类

电镀指利用电解的原理将物体表面镀上一层金属，即在含有预镀金属阳离子的盐类溶液中，以被镀基体为阴极，通过电解作用，使镀液中的预镀金属阳离子在基体表面沉积，形成镀层的一种表面加工方法。一般电镀的目的是为了提高被镀件的抗腐蚀性或硬度，抗磨损性，提高导电性、光滑性、耐热性和表面美观。

5.1.1 按镀层金属分类

电镀按镀层组成可分为以下几类。

（1）镀铬。铬是一种微带天蓝色的银白色金属，电极电位很负，有很强的钝化性能，在大气中很快钝化，显示出贵金属的性质。一般铁零件镀铬层是阴极镀层。铬层在大气中很稳定，能长期保持其光泽，在碱、硝酸、硫化物、碳酸盐以及有机酸等腐蚀介质中也非常稳定，但溶于盐酸等氢卤酸和热的浓硫酸中。铬层硬度高，耐磨性好，反光能力强，有较好的耐热性。在 500℃ 以下光泽和硬度均无明显变化；温度大于 500℃ 开始氧化变色；大于 700℃ 开始变软。由于镀铬层的优良性能，广泛用作防护性装饰镀层体系的外表层和机能镀层。

（2）镀铜。镀铜层呈粉红色，质柔软，具有良好的延展性、导电性和导热性，易于抛光，经过适当的化学处理可得古铜色、铜绿色、黑色和本色等装饰色彩。镀铜易在空气中失去光泽，与二氧化碳或氯化物作用，表面生成一层碱式碳酸铜或氯化铜膜层，受到硫化物的作用会生成棕色或黑色硫化铜，因此，作为装饰性的镀铜层需在表面涂覆有机覆盖层。

（3）镀镉。镉是银白色有光泽的软质金属，其硬度比锡硬，比锌软，可塑性好，易于锻造和辗压。镉的化学性质与锌相似，但不溶解于碱液中，溶于硝酸和硝酸铵中，在稀硫酸和稀盐酸中溶解很慢。镉的蒸气和可溶性镉盐都有毒，必须严格防止镉的污染。因为镉污染危害大、价格昂贵，所以通常采用镀锌层或合金镀层来取代镀镉层。国内生产中应用较多的镀镉溶液类型有：氨羧络合物镀镉、酸性硫酸盐镀镉和氰化物镀镉。此外还有焦磷酸盐镀镉、碱性三乙醇胺镀镉和 HEDP 镀镉等。

（4）镀锡。锡具有银白色的外观，原子量为118.7，密度为7.3g/cm^3，熔点为231.89℃，原子价为二价和四价，故电化当量分别为2.12g/A·h和1.107g/A·h。锡具有抗腐蚀、无毒、易铁焊、柔软和延展性好等优点。锡镀层有如下特点和用途：

1）化学稳定性高。

2）在电化序中锡的标准电位比铁正，对钢铁来说是阴极性镀层，只有在镀层无孔隙时才能有效地保护基体。

3）锡导电性好，易焊接。

4）锡从-130℃起结晶开始发生变异，到-300℃将完全转变为一种晶型的同素异构体，俗称“锡瘟”，此时已完全失去锡的性质。

5）锡同锌、镉镀层一样，在高温、潮湿和密闭条件下能长成晶须，称为长毛。

6）镀锡后在231.89℃以上的热油中重溶处理，可获得有光泽的花纹锡层，可作日用品的装饰镀层。

（5）镀锌。锌易溶于酸，也能溶于碱，故称它为两性金属。锌在干燥的空气中几乎不发生变化。在潮湿的空气中，锌表面会生成碱式碳酸锌膜。在含二氧化硫、硫化氢以及海洋性气候中，锌的耐蚀性较差，尤其在高温高湿含有机酸的气氛里，锌镀层极易被腐蚀。锌的标准电极电位为-0.76V，对钢铁基体来说，锌镀层属于阳极性镀层，它主要用于防止钢铁的腐蚀，其防护性能的优劣与镀层厚度关系甚大。锌镀层经钝化处理、染色或涂覆护光剂后，能显著提高其防护性和装饰性。随着镀锌工艺的发展，高性能镀锌光亮剂的采用，镀锌已从单纯的防护目的进入防护—装饰性应用。

镀锌溶液有氰化物镀液和无氰镀液两类。氰化物镀液中分微氰、低氰、中氰和高氰几类。无氰镀液有碱性锌酸盐镀液、铵盐镀液、硫酸盐镀液及无氨氯化物镀液等。氰化镀锌溶液均镀能力好，得到的镀层光滑细致，在生产中被长期采用。但由于氰化物有剧毒，对环境污染严重，已趋向于采用低氰、微氰、无氰镀锌溶液。

5.1.2 按电镀方式分类

从电镀方式来看，电镀分为挂镀（也称固定槽镀）、滚镀、连续镀和刷镀等方式。主要与待镀件的尺寸和批量有关。挂镀一般适用于一般尺寸的制品，如汽车保险杠、自行车把手等。滚镀适应于小件，如紧固件、垫圈等。连续镀适用于成批生产的线材和带材，刷镀适用于局部镀和修复。

（1）固定槽镀。电镀溶液盛于固定的镀槽内，镀件浸入，和阳极相对，依靠做导电和固定用的挂具来通电，应当说是最为传统也是应用最广的方法。固定槽镀的优点是设备投资少，镀件形状、大小和数量不受限制，易于监控及维护。固定槽可增加搅拌或配以连续过滤。电源和电流波形可以根据需要选择，但不宜使用很高的电流密度。

(2) 滚镀。适用于大量小零件的加工。一般分单独的滚镀机或结合流水作业线等不同形式。后者滚筒浸入槽内随着运动，在自动线中采用颇多。细小的零件在滚动中相互接触并摩擦，从汇流板或槽体上导得电流，阳极可以置入滚筒内或在槽外。这种方案生产效率很高，滚动中对零件有一定的抛光作用，而且零件间镀层的厚度差异较少。但利用这种方式进行局部电镀较难，也难于实行高速镀。

(3) 刷镀。将阳极表面裹上柔软的能吸附镀液的多孔性材料，如棉布或其他的纤维制品，通上电流并在被镀表面上摩擦，也能在摩擦的表面区镀上镀层。这种方法一直用来修复局部的镀层缺陷，后来改制成能储存镀液的刷子，用来解决不易移动的大件，如建筑物等的电镀和修复磨损的零件。镀内外圆表面时与转动机床配合，采用浓镀液和大电流可以得到较高的镀速。小零件能使之旋转运动时，可以方便地进行较高速度的厚镀，但镀层的质量往往与操作技巧有关。这种方法比较简便灵活，投资不多，更适合于少量的大构件或户外建筑。

(4) 连续电镀。目前预镀覆的板材和线材在许多大生产中已非常流行，例如建筑业、汽车业和设备制造业等。板材和线材由于形状单一并能连续卷送。很适合采用容许极限电流密度很高而分散能力不一定要求最好的工艺。这种加工方法常配以预涂、抛光、涂漆等联合进行，这样可以在很短时间生产出大量的预制材料，节省了这些材料组配后再涂覆所需的大量工时，并且质量也大幅提高。

(5) 特种工艺。为了配合产品日新月异的需要，特种电镀是采用专用设备和特定的水性化学原材料，应用化学反应的原理通过直接喷涂的方式达到电镀的效果，使被喷物体表面呈现铬色、镍色、砂镍、金、银、铜及各种色彩渐变色等镜面高光效果。

5.2 电镀工艺过程

电镀工艺过程一般包括电镀前预处理、电镀及镀后处理三个阶段。详细的电镀工艺流程如图 5-1 所示。

A 镀前预处理

镀前预处理是为了得到干净新鲜的金属表面，为最后获得高质量的镀层作准备。主要是进行脱脂、去锈蚀、去灰尘等。步骤如下所述。

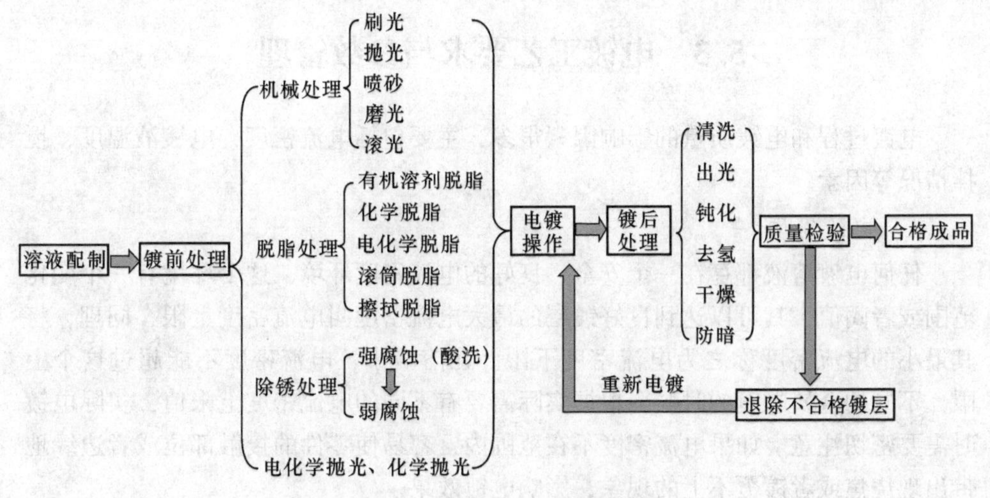

图 5-1 电镀工艺过程流程图

第一步：使表面粗糙度达到一定要求，可通过表面磨光、抛光等方法来实现。

第二步：去油脱脂，可采用溶剂溶解以及化学、电化学等方法来实现。

第三步：除锈，可用机械、酸洗以及电化学方法除锈。

第四步：活化处理，一般在弱酸中浸蚀一定时间进行镀前活化处理。

B 镀后处理

(1) 钝化处理，在一定溶液中进行化学处理，在镀层上形成一层坚实致密的、稳定性高的薄膜。钝化使镀层耐蚀性大大提高并能增加表面光泽和抗污染能力，这种方法用途很广，镀锌、铜及银后，都可进行钝化处理。

(2) 除氢处理，有些金属如锌，在电沉积过程中，除自身沉积出来外，还会析出一部分氢，这部分氢渗入镀层中，使镀件产生脆性，甚至断裂，称为氢脆。为了消除氢脆，往往在电镀后，使镀件在一定的温度下热处理数小时，称为氢处理。

电镀工艺的完整过程如下所述：

(1) 浸酸→全板电镀铜→图形转移→酸性除油→二级逆流漂洗→微蚀→二级浸酸→镀锡→二级逆流漂洗。

(2) 逆流漂洗→浸酸→图形电镀铜→二级逆流漂洗→镀镍→二级水洗→浸柠檬酸→镀金→回收→2～3 级纯水洗→烘干。

塑胶外壳电镀流程如下所述：

化学去油→水洗→浸丙酮→水洗→化学粗化水洗敏化→水洗→活化→还原→化学镀铜→水洗光亮硫酸盐镀铜→水洗→光亮硫酸盐镀镍→水洗→光亮镀铬→水洗烘干送检。

5.3 电镀工艺要求与参数管理

电镀过程和电镀质量的影响因素很多，主要包括电流密度、电镀液温度、搅拌情况等因素。

A 电流密度

任何电镀溶液都存在一个安全、良好的电流密度环境，这个环境有一个变化范围或者阈值，其可以达到良好镀层的最大电流密度叫电流密度上限，同理，将其最小的电流密度称之为电流密度下限。在溶液中，电流密度不能超过这个上限，不同的金属电镀的时候会根据实际需要有不同的电流密度上限值，实际电镀时需要密切注意。如果电流密度不在范围内，容易使零件的接触部位或者边缘地带出现烧焦或者镀覆不上的现象，影响电镀效果。

B 电镀溶液温度

理论上来说，如果在电镀过程中，其他条件不发生变化，溶液温度是一个重要的影响因素。在液体温度升高时，一般会加快化学反应速率。在允许范围内，适当的升高溶液的温度会提高电流密度的上限值，有效提高效率。另外，配合其他的工艺升温，还会有效提高溶液的导电导热性能，有助于阳极溶解及提高阴极沉积速率，降低电镀金属镀层的内应力等。

C 搅拌

搅拌作为一种物理反应方式，可以有效加快溶液中的化学反应速率，加快溶液对流，使阴阳两极的化学反应可以顺利进行，不会因为离子的流动而中途被打断。使用这一物理方式的溶液，应该定时进行过滤操作，除去电镀液中的固体杂质或者反应后残余的渣沫，否则的话，会因为电镀液的精度不纯而导致镀层的粗糙疏松，影响电镀效果。电镀中使用比较多的搅拌方式为空气搅拌和阴极移动。

D 电源

在电镀技术中，常见的电源设备有整流器和直流发电机，发送既定电压的额定电流，由交流电的相位变化来得到电流的波形，而电流波形则会影响电镀镀层的组织、溶液的分散和覆盖能力、合金的成分和质量等。因此，电流的选择也应该是电镀条件的一个重要组成部分。

电镀工艺参数可以分为两大类，一类是建立生产线过程中，一经设定就相对固定的因素，有如先天性因素，除非出现故障，变动不会很大，比如，整流电源的波形、阴极移动的速度、过滤机的流量、镀槽的大小和结构等，这些参数一定要在设计阶段加以控制，并留有余地；另一类是在电镀生产中经常会发生波动的参数，必须通过监控随时加以调整，我们说的生产中的工艺参数的管理，主要指的是这类可变参数的管理。电镀工艺可变参数日常管理的要素主要有以下几项：

（1）温度管理。温度对电镀表面质量、电镀效率等都有重要影响。因此，凡是需要升温的镀种，都应该有恒温控制的升温设备，并要求员工做镀液的温度记录。当然从能源节约的角度，要尽量采用常温工艺。但是有些镀种目前只能在一定的高温下工作才行。关键是加强管理，防止过热造成的能源和镀液蒸发的浪费。

（2）镀液 pH 管理。镀液的 pH 是比较隐蔽的变动因素，往往是出了问题时才被发现。因此，经常检测镀液的 pH 是完全必要的。对于要求较严格的镀种，最好是能采用由传感器控制的数字式 pH 显示器。这样就能及时了解镀液的 pH。最简易的办法是用精密试纸在现场进行测量。应该不仅仅让工艺人员有试纸，要让操作者也有试纸可用，这样可以保证镀液 pH 值处在更多人监控的状态。

（3）镀液成分管理。镀液成分的管理主要通过化学分析的方法来获取信息。要根据生产的频度和物料消耗的情况，或根据受镀面积等，测算出镀液成分消耗的基本规律，从而对镀液进行定期的分析，加工量大的时候，每一两天就要分析一次，加工量小的时候，至少每周要分析一次。同时，工艺人员要定期对镀液进行霍尔槽试验，以确定镀液是处在最佳工艺范围。霍尔槽试验不仅仅是电镀工艺开发的重要工具，也是电镀现场管理的重要手段。

（4）电镀阳极的管理。阳极作为导电的电极，可以纳入电镀设备的范畴，电镀的阳极也是要纳入工艺管理的重要指标。阳极的管理包括导电状态的检查，活性阳极不能处于钝化状态，比如，绝大部分氰化物电镀的阳极，要保持活化状态。镀镍、镀锌等都是活性阳极。有些则要求是半钝化状态，不能处在活化状态，比如，酸性光亮镀铜、碱性镀铜锡合金的合金阳极等，还要经常检查阳极套的完好情况。对于阳极的挂钩，最好是用不溶性的导电材料，如果是可溶性的，挂钩不能浸入镀液中，特别是会成为导致金属杂质的挂钩，比如，常用的铜挂钩对镀镍、镀锌、镀银等都会成为导致杂质因素。

5.4 电 镀 槽

镀槽是电镀生产的关键设备，可分为电镀槽、化学处理槽、酸槽、碱槽、水洗槽及加热槽等。其规格可根据产量的高低、电镀工件尺寸的大小而决定。太深时更换溶液、捞取工件不方便；太宽时操作不便，而且抽排风困难。

A 挂镀槽

挂镀槽的外形如图 5-2 所示，其使用和维护事项见表 5-1。

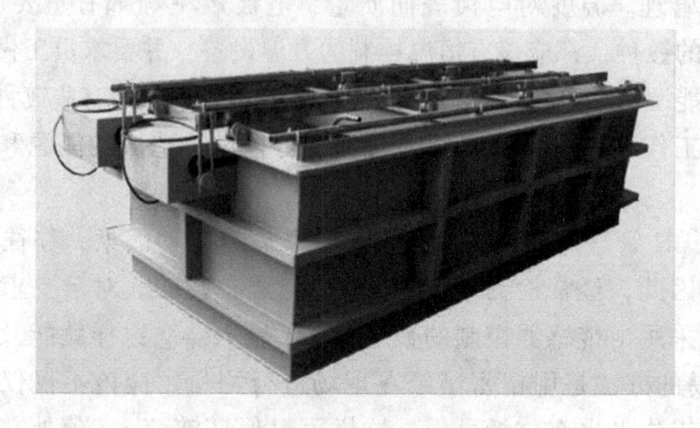

图 5-2 挂镀槽外形

扫一扫查看彩图

表 5-1 挂镀槽的使用及维护

序号	使用及维护注意事项
1	经常检查镀槽衬里，如有起鼓、渗漏等情况时，及时补修，以防镀槽被腐蚀或发生镀液流失事故
2	发现镀液突然损失较多时，应检查镀槽是否泄漏并及时修理。时常注意观察槽子侧和焊缝处有无溶液结晶析出。若有时说明衬里或是镀槽有针孔，需要进行修理
3	每班应检查导电是否良好，接触不良会导致工作发热
4	每班工作前后均应清理导杆，并对其进行砂纸打磨。为防镀件出槽子时带出溶液污染导杆，应对清理好的导杆加以遮盖
5	电镀车间湿度大、温度高，注意汇流排、导电杆与镀槽、设备构件及厂房建筑之间的绝缘。否则，会造成槽子壁结瘤及电腐蚀等

B 滚镀槽

滚镀槽（见图 5-3）的使用除与挂镀槽有共同的要求外，还要特别注意装载量、滚筒及工件是否适宜滚镀要求（见表 5-2）。

图 5-3 滚镀槽外形

扫一扫查看彩图

表 5-2 滚镀槽的使用与维护

项 目	注 意 事 项
电镀工件	使用滚镀槽电镀工件不宜太大，否则会影响质量和效率
槽液温度	滚筒多用聚氯乙烯硬塑料板制成，镀液温度不宜过高。否则容易引起滚筒变形
装载量	装载量要适当，否则易引起质量事故或设备事故
导电装置	经常检查滚筒内阴极导电装置是否良好。筒内导电装置应有一定的弹性，不应与滚筒一起旋转，以免工件卡死
阳极导杆	阳极导杆应保持清洁，以便保证导电性能良好
滚筒	滚筒的传动部分应经常检查，定期加注润滑脂，注意使用安全
	滚筒摆动时，要经常观察，发现问题及时处理
	滚筒停止使用时，要冲洗干净，另行放置。在不通电的情况下不得将滚筒浸泡在电镀液中

高分子材料成型与加工工艺

6.1 高分子材料简介

高分子材料分为天然高分子材料和合成高分子材料两种。天然高分子材料包括蚕丝、羊毛、皮革、棉花、木材及天然橡胶等。合成高分子材料则包括塑料、合成纤维、合成橡胶、涂料、黏合剂、离子交换树脂等材料。合成纤维比天然纤维（棉花、羊毛、蚕丝等）更为牢固耐久。而塑料则在各种应用场合代替钢材、有色金属、木材等。

6.2 高分子材料的加工性能

高分子材料的可挤压性：高分子材料在加工过程中常受到挤压作用，可挤压性是指高分子化合物通过挤压作用变形时获得形状和保持形状的能力。在挤压过程中，高分子熔体主要受到剪切作用。因此可挤压性主要取决于熔体的剪切黏度和拉伸黏度。大多数高分子化合物熔体的黏度随剪切力或剪切速率增大而降低。如果挤压过程中材料的黏度很低，即使材料有良好的流动性，但保持形状的能力较差。相反，熔体的剪切黏度很高时则会造成流动和成型的困难。材料的挤压性质还与加工设备的结构有关。挤压过程中高分子熔体的流动速率随压力增大而增加，通过流动速率的测量可决定加工时所需要的压力和设备的几何尺寸。材料的挤压性质与高分子的流变性、熔融指数和流变速率密切相关。

高分子材料的可模塑性是指材料在温度和压力作用下形变和在模具中模制成型的能力。具有可模塑性的材料可通过注射、模压和挤出等成型方法制成各种形状的模塑制品。可模塑性主要取决于材料的流变性、热性质和其他物理力学性质等。在热固性高分子的情况下还与高分子的化学反应性有关。温度过高时，虽然熔体的流动性大，易于成型，但会引起分解，制品收缩率大；温度过低，熔体黏度大，流动困难，成型性差。适当增加压力，通常能改善高分子的流动性，但过高的压力将引起溢料和增大制品内应力；压力过低则造成缺料。模塑条件不仅影响高分子的可模塑性，而且对制品的力学性能、外观、收缩以及制品中的结晶和取向都有广泛影响。热性能影响高分子加工与冷却的过程，从而影响熔体的流动性和硬化速度，因此也会影响高分子制品的性质。模具的结构尺寸也影响聚合物的模塑性，不良的模具结构甚至会使成型失败。

高分子材料的可纺性：是指高分子材料通过加工形成连续的固态纤维的能力。它主要取决于材料的流变性质、熔体黏度、熔体强度以及熔体的热稳定性和化学稳定性。纺丝材料首先要求熔体从喷丝板毛细孔流出后能形成稳定细流。细流的稳定性通常与熔体从喷丝板的流出速度、熔体的黏度和表面张力组成等因素有关。纺丝过程由于拉伸和冷却的作用都使纺丝熔体黏度增大，也有利于增大纺丝细流的稳定性。但随着纺丝速度增大，熔体细流受到的拉应力增加，拉伸变形增大。如果熔体的强度低，将出现细流断裂。故具有可纺性的高分子还必须具有较高的熔体强度。不稳定的拉伸速度容易造成纺丝细流断裂。当材料的凝聚能比较小时也容易出现凝聚性断裂。对于一些高分子材料，熔体强度随黏度增加而增大。作为纺丝材料还要在纺丝条件下具有良好的热和化学稳定性，因为高分子在高温下要停留较长时间并要经受在设备和毛细孔中流动时的剪切作用。

高分子材料的可延性表示无定形或半结晶固体高分子在一个方向或两个方向上受到压延或拉伸时变形的能力。材料的这种性质为生产长径比很大的产品提供了可能，利用高分子的可延性，可通过压延或拉伸工艺生产薄膜、片材和纤维。但工业生产仍以拉伸法用得最多。线型高分子的可延性来自大分子的长链结构和柔性。可延性取决于材料产生塑性形变的能力和应变硬化作用。形变能力与固体高分子所处温度有关，在 T_g-T_m 温度区间，高分子化合物的分子在一定拉力作用下能产生塑性流动，以满足拉伸过程材料截面积尺寸减小的要求。对半结晶高分子拉伸在稍微低于 T_m 以下的温度进行，非晶体高分子则在接近 T_g 的温度进行。适当地升高温度，材料的可延性能进一步提高，拉伸比可以更大，甚至一些延伸性能较差的高分子材料也能拉伸。通常把在室温至 T_g 附近的拉伸称为“冷拉伸”，在 T_g 以上温度的拉伸称为“热拉伸”。当拉伸过程高分子发生“应力硬化”后，它将限制聚合物分子的流动，从而阻止拉伸比的进一步提高。

6.3 高分子材料成型工艺

从加工方法来看，高分子材料的成型工艺有注射成型、压制成型、挤出成型和压延成型等。下面重点以注射成型、压制成型和挤出成型为例介绍具体的工艺过程和特点。

6.3.1 高分子材料注塑成型工艺

注塑成型是目前高分子材料加工中最普遍采用的方法之一，可用来生产空间几何形状比较复杂的制件。注塑成型时将预加热成塑性状态的高分子物料经注塑模的浇注系统注入模具中定型硫化。它的优点是应用面广、成型周期短、花色品种多、制件尺寸稳定、产品效率高、模具服役条件好、制件尺寸精密度高、生产操作容易实现机械化和自动化等。在整个高分子材料生产行业中，注塑成型占有非常重要的地位。目前，除了少数几种塑料品种外，几乎所有的塑料都可以采用注塑成型。

注塑机的工作原理与打针用的注射器相似，都是借助螺杆（或柱塞）的推力，将已塑化好的熔融状态（粘流态）的塑料注射入闭合好的模腔内，经固化定型后取得制品的工艺过程。注塑成型是一个循环过程，每个周期都包含：定量加料—熔融塑化—施压注塑—充模冷却—启模取件的步骤。在注塑成型过程中，注塑机的主要作用包括：加热熔融塑料，使塑料形成粘流态；在一定压力和速度下将塑料注入型腔；注塑结束后，进行保压与补缩；进行开模与合模动作；顶件等。

图 6-1 是注塑成型机原理及实物照片图。注塑机按照塑化方式可分为柱塞式注塑机和螺杆式注塑机。按照外形可分为卧式、立式和角式注塑机。按合模方式可分为机械式、液压式以及液压—机械式注塑机。

卧式注塑机的优势是对厂房无高度限制，产品可自动落下，不需要机械手也可实现自动成型，机身低，供料方便，检修容易；产品容易由输送带收集和包装。

立式注塑机的优势是占地面积小；容易实现嵌件成型；模具的重量由水平模板支撑作上下开闭动作，不会发生类似卧式机由于模具重力引起的前倒，有利于持久性保持机械和模具的精度；通过简单的机械手可取出各个塑件型腔，有利于精密成型；适应于复杂、精巧产品的自动成型；便于实现成型自动生产；配备旋转台面、移动台面以及倾斜台面，容易实现嵌件成型、模内组合成型；小批量生产时，模具构造成本低，便于卸装，抗震性能比卧式更好。

角式注塑机注塑螺杆的轴线与合模机模板的运动轴线相互垂直，其优缺点介于立式与卧式之间，因其注塑方向和模具分型面在同一平面上，所以角式注塑机适用于开设侧浇口的非对称几何形状的模具或成型中心不允许留有浇口痕迹的制品。

注塑成型工艺流程主要包括合模—填充—保压—冷却—开模—脱模等 6 个阶段。这 6 个阶段直接决定着制品的成型质量，而且 6 个阶段是一个完整的连续过程，如图 6-2 所示。下面介绍其中填充、保压、冷却和脱模 4 个阶段的注意事项。

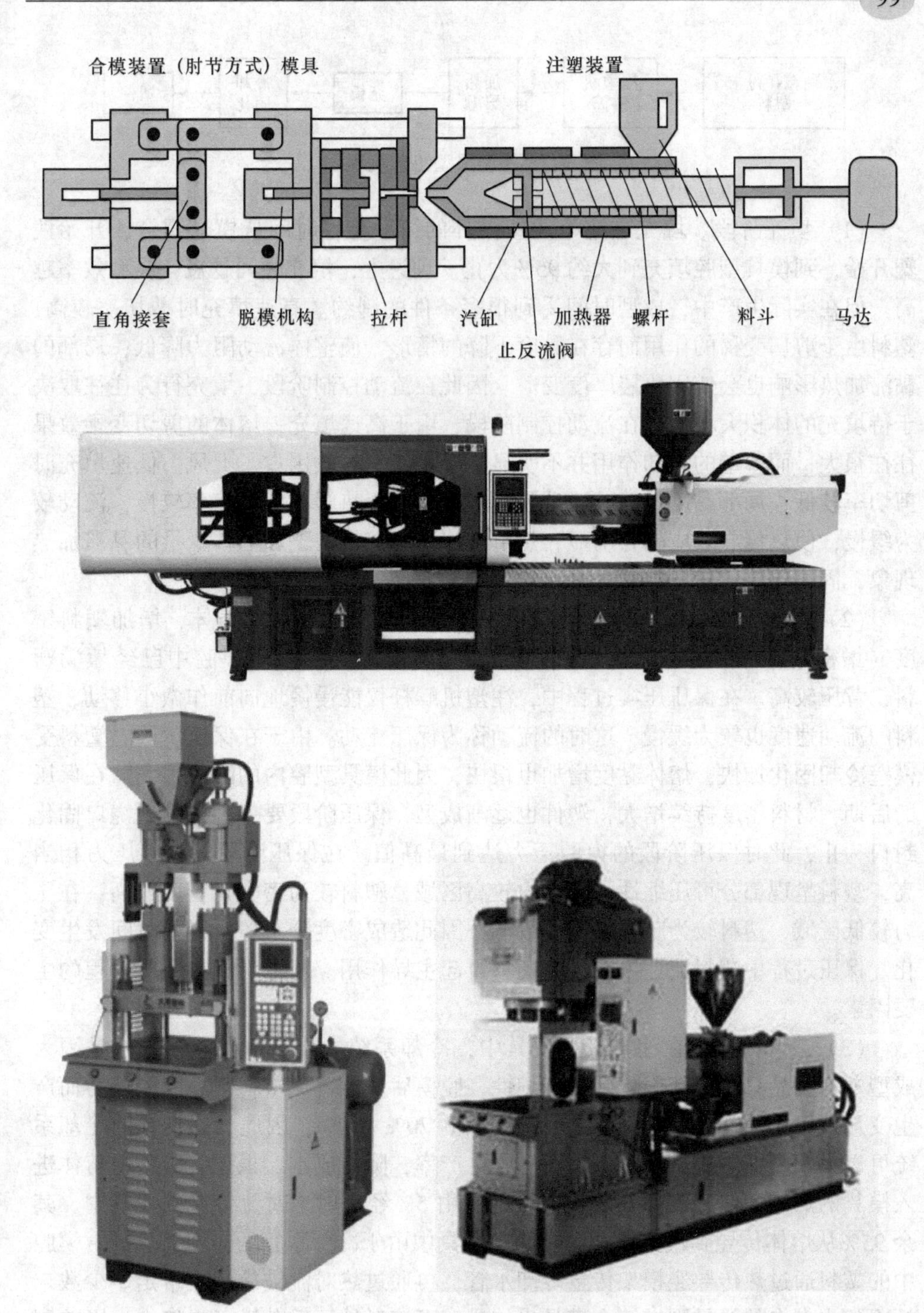

图 6-1 注塑机原理图及实物图

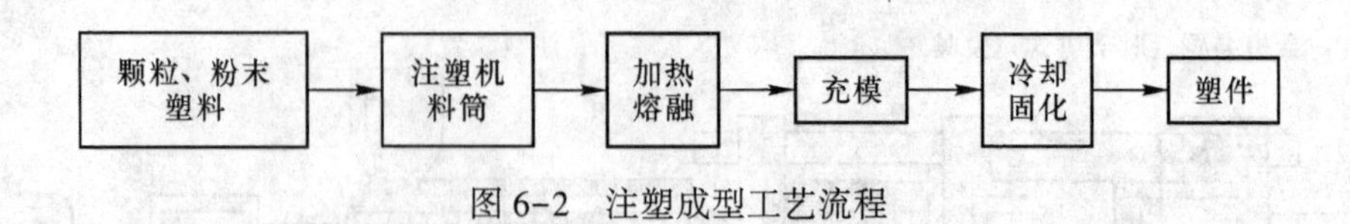

图 6-2 注塑成型工艺流程

（1）填充阶段。填充是整个注塑循环的第一步，时间从模具闭合、开始注塑开始，到模具型腔填充到大约 95%为止。理论上，填充时间越短，成型效率越高。但在实际生产中，成型时间受到很多条件的制约。高速填充时剪切率较高，塑料由于剪切变稀的作用而存在黏度下降的情形，使整体流动阻力降低；局部的黏滞加热影响也会使固化层厚度变薄。因此在流动控制阶段，填充行为往往取决于待填充的体积大小。即在流动控制阶段，由于高速填充，熔体的剪切变稀效果往往很大，而薄壁的冷却作用并不明显，于是速率的效用占了上风。低速填充时剪切率较低，局部黏度较高，流动阻力较大。由于热塑料补充速率较慢，流动较为缓慢，使热传导效应较为明显，热量迅速为冷壁带走，加上较少量的黏滞加热现象，固化层厚度较厚，又进一步增加壁部较薄处的流动阻力。

（2）保压阶段。保压阶段的作用是持续施加压力，压实熔体，增加塑料密度（增密），以补偿塑料的收缩行为。在保压过程中，由于模腔中已经填满塑料，背压较高。在保压压实过程中，注塑机螺杆仅能慢慢地向前作微小移动，塑料的流动速度也较为缓慢，这时的流动称为保压流动。由于在保压阶段，塑料受模壁冷却固化加快，熔体黏度增加也很快，因此模具型腔内的阻力很大。在保压的后期，材料密度持续增大，塑件也逐渐成型，保压阶段要一直持续到浇口固化封口为止，此时保压阶段的模腔压力达到最高值。在保压阶段，由于压力相当高，塑料呈现部分可压缩性。在压力较高区域，塑料较为密实，密度较高；在压力较低区域，塑料较为疏松，密度较低，因此造成密度分布随位置及时间发生变化。保压过程中塑料流速极低，流动不再起主导作用。压力为影响保压过程的主要因素。

（3）冷却阶段。在注塑成型模具中，冷却系统的设计非常重要。这是因为成型塑料制品只有冷却固化到一定刚性，脱模后才能避免塑料制品因受外力而产生变形。由于冷却时间占到整个成型周期的 70%~80%，因此设计良好的冷却系统可以大幅度缩短成型时间，提高注塑生产率，降低成本。根据实验，由熔体进入模具的热量大体分两部分散发，一部分由 5%经辐射、对流传递到大气中，其余 95%从熔体传导到模具。塑料制品在模具中由于冷却水管的作用，热量由模腔中的塑料通过热传导经模架传至冷却水管，再通过热对流被冷却液带走。少数未被冷却水带走的热量则继续在模具中传导，至接触外面后散溢于空气中。影响制品冷却速率的因素有：塑料制品设计方式、模具材料及其冷却方式、冷却水管配置方式、冷却液流量、冷却液性质、塑料选择和加工参数设定等。

(4) 脱模阶段。脱模是一个注塑成型循环中的最后一个环节，虽然制品已经冷固成型，但脱模还是对制品的质量有很重要的影响。脱模不当，可能会导致制品在脱模时受力不均，顶出时引起产品变形等缺陷。脱模方式有两种：顶杆脱模和脱料板脱模。设计模具时要根据产品的结构特点选择合适的脱模方式，以保证产品质量。

影响注塑成型的主要工艺参数包括注塑压力、注塑时间、注塑温度、保压压力与时间和背压等。

注塑压力是由注塑系统的液压系统提供的。液压缸的压力通过注塑机螺杆传递到塑料熔体上，塑料熔体在压力的推动下，经注塑机的喷嘴进入模具的竖流道(对于部分模具来说也是主流道)、主流道、分流道，并经浇口进入模具型腔，这个过程即为注塑过程，或者称之为填充过程。压力的存在是为了克服熔体流动过程中的阻力，或者反过来说，流动过程中存在的阻力需要注塑机的压力来抵销，以保证填充过程顺利进行。在注塑过程中，注塑机喷嘴处的压力最高，以克服熔体全程中的流动阻力。其后，压力沿着流动长度往熔体最前端波前处逐步降低，如果模腔内部排气良好，则熔体前端最后的压力就是大气压。影响熔体填充压力的因素很多，概括起来有 3 类：

(1) 材料因素，如塑料的类型、黏度等。

(2) 结构性因素，如浇注系统的类型、数目和位置，模具的型腔形状以及制品的厚度等。

(3) 成型的工艺要素，主要包括注塑时间、注塑温度、保压压力和时间、背压等。

1) 注塑时间。这里所说的注塑时间是指塑料熔体充满型腔所需要的时间，不包括模具开、合等辅助时间。尽管注塑时间很短，对于成型周期的影响也很小，但是注塑时间的调整对于浇口、流道和型腔的压力控制有着很大作用。合理的注塑时间有助于熔体理想填充，而且对于提高制品的表面质量以及减小尺寸公差有着非常重要的意义。注塑时间要远远低于冷却时间，大约为冷却时间的1/10~1/15，这个规律可以作为预测塑件全部成型时间的依据。在做模流分析时，只有当熔体完全是由螺杆旋转推动注满型腔的情况下，分析结果中的注塑时间才等于工艺条件中设定的注塑时间。如果在型腔充满前发生螺杆的保压切换，那么分析结果将大于工艺条件的设定。

2) 注塑温度。注塑温度是影响注塑压力的重要因素。注塑机料筒有 5~6 个加热段，每种原料都有其合适的加工温度（详细的加工温度可以参阅材料供应商提供的数据)。注塑温度必须控制在一定的范围内。温度太低，熔料塑化不良，影响成型件的质量，增加工艺难度；温度太高，原料容易分解。在实际的注塑成型过程中，注塑温度往往比料筒温度高，高出的数值与注塑速率和材料的性能有关，最高可达 30℃。这是由于熔料通过注料口时受到剪切而产生很高的热量造成的。在做模流分析时可以通过两种方式来补偿这种差值，一种是设法测量熔料对空注塑时的温度，另一种是建模时将射嘴也包含进去。

3）保压压力与时间。在注塑过程将近结束时，螺杆停止旋转，只是向前推进，此时注塑进入保压阶段。保压过程中注塑机的喷嘴不断向型腔补料，以填充由于制件收缩而空出的容积。如果型腔充满后不进行保压，制件大约会收缩 25%左右，特别是筋处由于收缩过大而形成收缩痕迹。保压压力一般为充填最大压力的 85%左右，当然要根据实际情况来确定。

4）背压。背压是指螺杆反转后退储料时所需要克服的压力。采用高背压有利于色料的分散和塑料的融化，但却同时延长了螺杆回缩时间，降低了塑料纤维的长度，增加了注塑机的压力，因此背压应该低一些，一般不超过注塑压力的 20%。注塑泡沫塑料时，背压应该比气体形成的压力高，否则螺杆会被推出料筒。有些注塑机可以将背压编程，以补偿熔化期间螺杆长度的缩减，这样会降低输入热量，令温度下降。不过由于这种变化的结果难以估计，故不易对机器做出相应的调整。

6.3.2 高分子材料压制成型工艺

压制成型是利用压力将置于模具内的粉料压紧至结构紧密，成为具有一定形状和尺寸的坯体的成型方法。压制成型的坯体水分含量（质量分数）低，成型过程简单，生产量大，便于机械化的大规模生产，对具有规则几何形状的扁平制品尤为适宜。压制成型的优势包含：制品尺寸范围宽，可压制较大的制品；设备简单，工艺条件容易控制；制件无浇口痕迹，容易修整，表面平整，光洁；制品收缩率小、变形小、各项性能较均匀。缺点是不能成型结构和外形过于复杂、加强筋密集、金属嵌件多、壁厚相差较大的塑料制件。

压制成型技术可分为模压成型和层压成型两大类，前者主要包括热固性塑料的模压成型（即压缩模塑）、橡胶的模压成型（即模型硫化）和增强复合材料的模压成型，后者包括复合材料的高压和低压压制成型。

热固性塑料的模压成型通常称压缩模塑。其工艺过程是将模塑料在已加热到指定温度的模具中加压，使物料熔融流动并均匀地充满模腔，在加热和加压的条件下经过一定的时间，使其发生化学交联反应而变成具有三维体型结构的热固性塑料制品。

模压成型是间歇操作，工艺成熟，生产控制方便，成型设备和模具较简单，所得制品的内应力小，取向程度低，不易变形，稳定性较好。但其缺点是生产周期长，生产效率低，较难实现生产自动化，因而劳动强度较大，不能成型形状复杂和较厚制品。适用于模压成型的热固型塑料主要有酚醛塑料、氨基塑料、环氧树脂、有机硅树脂、聚酯树脂、聚酰亚胺等。制品类型主要有电器制品、机器零部件以及日用制品等。

热固性模塑料的成型工艺性能主要有以下几点：

（1）流动性：热固性模塑料的流动性是指其在受热和受压作用下充满模具型腔的能力。流动性主要取决于模塑料本身的性质、模具和成型工艺条件。不同的模压制品对流动性有不同的要求。

（2）固化速率：热固型塑料成型是特有的工艺性能，是衡量热固性塑料成型时化学反应的速度。固化速率主要是由热固性塑料的交联反应性质决定，并受成型前的预压、预热条件以及温度和压力等多种因素的影响。

（3）成型收缩率：成型收缩率 S_L 定义为：在常温、常压下，模具型腔的单向尺寸 L_0 和制品相应的单向尺寸 L 之差与模具型腔的单向尺寸 L_0 之比。成型收缩率大的制品易发生翘曲变形，甚至开裂。制品产生收缩的因素很多，第一是发生了化学交联，密度变大，产生收缩；第二是塑料和金属的热膨胀系数相差较大，冷却后塑料的收缩比金属模具大得多；第三是制品脱模后有弹性回复和塑料变形产生使制品的体积发生变化。影响收缩率的因素主要有成型工艺条件、制品的形状以及塑料本身固有的性质。表 6-1 列出了典型热固性塑料的成型收缩率。

（4）压缩率：是指热固性塑料的表观相对密度 d_1 与制品的相对密度 d_2 相差很大，模塑料在模压前后的体积变化用压缩率 R_p 来表示，$R_p = d_2/d_1$。降低压缩率的方法是模压成型前对物料进行预压。

表 6-1　热固性塑料的成型收缩率和压缩率

模塑料	密度/g·cm^{-3}	压缩率/%	成型收缩率/%
PF+木粉	1.32~1.45	2.1~4.4	0.4~0.9
PF+石棉	1.52~2.0	2.0~14	
PF+布	1.36~1.43	3.5~18	
UF+α-纤维素	1.47~1.52	2.2~3.0	0.6~1.4
MF+α-纤维素	1.47~1.52	2.1~3.1	0.5~1.5
MF+石棉	1.7~2.0	2.1~2.5	
EP+玻璃纤维	1.8~2.0	2.7~7.0	0.1~0.5

模压成型的主要设备是压机，压机种类很多，有机械式和液压式两种。较常用的是液压机，且多数是油压机。液压机的结构形式很多，主要有上压式液压机和下压式液压机。

模压成型用的模具按其结构特点可分为溢式、不溢式和半溢式模具三种。

热固性塑料模压成型工艺过程通常由成型物料的准备、成型和制品后处理三个阶段组成，具体工艺流程如图 6-3 所示。

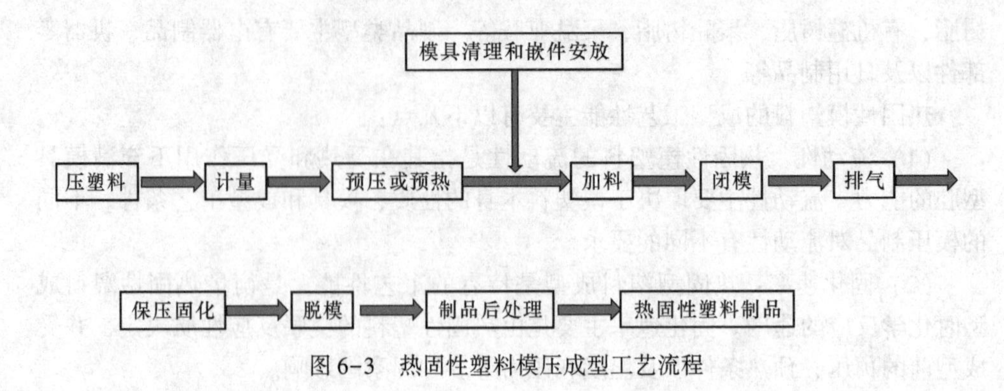

图 6-3 热固性塑料模压成型工艺流程

6.3.3 高分子材料挤出成型工艺

挤出成型是高分子材料加工领域中变化众多，生产率高、适应性强、用途广泛、所占比重最大的成型加工方法。挤出成型是使高聚物的熔体在挤出机的螺杆或柱塞的挤压作用下通过一定形状的口模而连续成型，所得的制品为具有恒定断向形状的连续型材。挤出成型的过程分为三步：塑化、成型和定型。塑化是在挤出机内将固体塑料加热并依靠塑料之间的内摩擦热使其成为粘流态物料。成型是在挤出机螺杆的旋转推挤作用下，通过具有一定形状的口模，使粘流态物料成为连续的型材。定型是用适当的方法，使挤出的连续型材冷却定型为制品。

挤出成型的工艺特点是连续成型，产量大，生产效率高；制品外形简单，是断面形状不变的连续型材；制品质量均匀密实，尺寸准确性好；适应性强：几乎适合除了 PTFE 外所有的热塑性塑料，只要改变机头口模，就可改变制品形状；可用来塑化、造粒、染色、共混改性，也可同其他方法混合成型，此外，还可作为压延成型的供料。

挤出成型的工艺过程是先将树脂和增强纤维制成粒料，然后再将粒料加入挤出机内，经塑化、挤出、冷却定型而成制品。

挤出成型工艺适用于所有的高分子材料，塑料挤出成型也称挤塑或挤出模塑，几乎能成型所有的热塑性塑料，也可用于热固性塑料，但仅限于酚醛等少数几种热固性塑料，且可挤出的热固性塑料制品种类也很少。塑料挤出的制品有管材、板材、棒材、片材、薄膜、单丝、线缆包裹层、各种异型材以及塑料与其他材料的复合物等，目前约 50% 的热塑性塑料制品是挤出成型的。

挤出工艺也可用于塑料的着色、混炼、塑化、造粒及塑料的共混改性等。以挤出为基础，配合吹胀、拉伸等技术则发展为挤出—吹塑成型和挤出—拉伸成型等工艺。

挤出成型的基本原理有：塑化、成型和定型。挤出成型设备有螺杆挤出机和柱塞式挤出机两大类，前者为连续式挤出，后者为间歇式挤出。

螺杆挤出机又可分为单螺杆挤出机和多螺杆挤出机。目前用得比较多的是单螺杆挤出机。

单螺杆挤出机是由传动系统、挤出系统、加热和冷却系统、控制系统等几部分组成的。此外，每台挤出机都有一些辅助设备。其中挤出系统是挤出成型的关键部分，对挤出成型的质量和产量起重要作用，挤出系统主要包括加料装置、料筒、螺杆、机头和口模等几个部分，如图 6-4 所示。

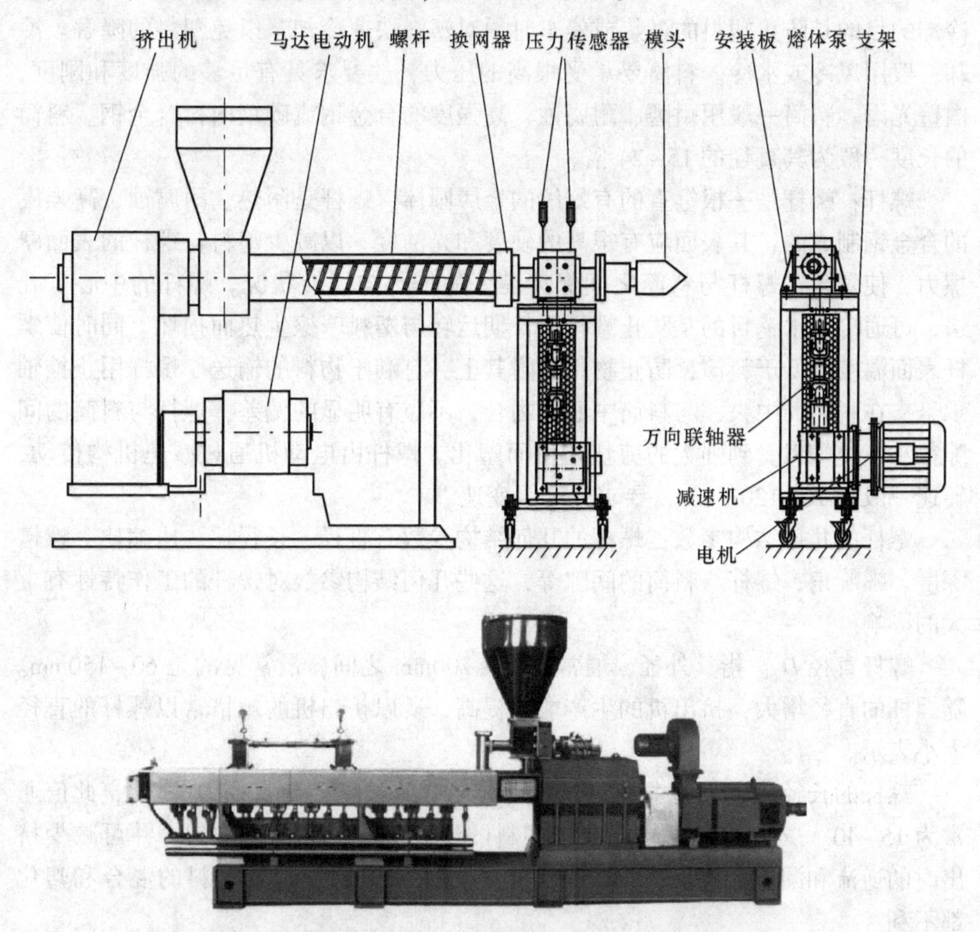

图 6-4　单螺杆挤出机结构示意图及实物照片

加料装置：挤出成型的供料一般采用粒状料、粉状料和带状料。加料装置是保证向挤出机料筒连续供料的装置，行如漏斗，有圆锥形和方锥形，也称料斗。料斗的底部与料筒连接处是加料孔，该处有截断装置，可以调整和截断料流。

在加料孔的周围有冷却夹套，用以防止高温料筒向料斗传热，避免料斗内塑料升温发黏而引起加料不均和料流受阻情况发生。料斗的侧面有玻璃视孔及标定计量的装置。有些料斗还有可以防止塑料从空气中吸收水分的预热干燥和真空减压装置，以及带有能克服粉状塑料产生“架桥”现象的搅拌器及能够定时定量自动上料或加料的装置。

料筒：又叫机筒，是一个受热受压的金属圆筒，物料的塑化和压缩斗在料筒中进行的。挤出成型时的工作温度一般在 180～290℃。料筒内的压力可达 55MPa。在料筒的外面设有分段加热和冷却的装置，也有采用远红外线加热的。冷却的目的是防止塑料的过热或停车时须对塑料快速冷却，以免塑料的降解。冷却一般用风冷或水冷。料筒要承受很高的压力，故要求具有足够的强度和刚度，内壁光滑。料筒一般用耐磨、耐腐蚀、高强度的合金钢或碳钢内衬合金钢。料筒的长度一般为其直径的 15～24 倍。

螺杆：螺杆是一根笔直的有螺纹的金属圆棒。螺杆是耐热、耐腐蚀、高强度的合金钢制成的，其表面应有很高的硬度和光洁度，以减少塑料与螺杆的表面摩擦力，使塑料在螺杆与料筒之间保持良好的传热与运转状况。螺杆的中心有孔道，可通冷却水，目的是防止螺杆因长期运转与塑料摩擦生热而损坏，同时使螺杆表面温度略低于料筒，防止物料黏附其上，有利于物料的输送。螺杆用止推轴承悬支在料筒的中央，与料筒中心线吻合，不应有明显的偏差，螺杆与料筒的间隙很小，使塑料受到强大的剪切作用而塑化。螺杆由电动机通过减速机构传动，转速一般为 10～120r/min，要求是无级变速。

螺杆的几何结构参数：螺杆的几何结构参数有直径、长径比、压缩比、螺槽深度、螺旋角、螺杆与料筒的间隙等，这些几何结构参数对螺杆的工作特性有重大的影响。

螺杆直径 D_s：指其外径，通常在 30～200mm 之间，最常见的是 60～150mm。随螺杆的直径增大，挤出机的生产能力提高，所以挤出机的规格常以螺杆的直径大小表示。

螺杆的长径比 L/D_s：指螺杆工作部分的有效长度 L 与直径 D_s 之比，此值通常为 15～40。L/D_s 越大，越能改善塑料的温度分布，混合更均匀，并可减少挤出时的逆流和漏流，提高挤出机的生产能力。L/D_s 过小，对塑料的混合和塑化都不利。

螺杆的压缩比 A：指螺杆加料段第一个螺槽的容积与均化段最后一个螺槽的容积之比，它表示塑料通过螺杆的全过程被压缩的程度。A 越大，塑料的挤压作用也越大，排除物料中所含空气的能力就越大。但 A 太大，螺杆本身的机械强度下降，压缩比一般在 2～5 之间。

选择压缩比的大小取决于挤出塑料的种类和形态。粉状塑料的相对密度小，夹带空气多，其压缩比应大于粒状塑料。压缩比的获得主要采用等距变深螺槽、等深度变距螺槽和变深变距螺槽等方法，其中等距变深螺槽是最常用的方法。

螺槽深度 H：螺槽深度影响塑料的塑化及挤出效率，H 较小时，对塑料可产生较高的剪切速率，有利于传热和塑化，但挤出生产效率低。

螺旋角 θ：螺纹与螺杆横截面之间的夹角，随着 θ 增大，挤出机的生产能力提高，但螺杆对塑料的挤压剪切作用减少。通常 θ 介于 $10°\sim30°$之间，螺杆中沿螺纹走向，螺旋角大小有所变化。

螺纹棱部宽度：螺棱宽 E 太小会使漏流增加，导致产能降低，对低黏度的熔体更是如此。E 太大时会增加螺棱上的动力消耗，有局部过热的危险，一般取 E 在 $0.08\sim0.12D_s$ 之间，在螺杆的根部取大值。

螺杆与料筒的间隙 δ：其大小影响挤出机的生产能力和物料的塑化，δ 值大，生产效率低，且不利于热传导并降低剪切速率，不利于物料的熔融和混合。但 δ 过小时，强烈的剪切作用易引起物料出现热力学降解。

在挤出成型时，螺杆的运转对物料产生如下三个作用：输送物料、传热塑化物料和混合均化物料。螺杆对物料所产生的作用在螺杆的全长范围内各段是不同的，根据物料在螺杆中的温度、压力、黏度等的变化特征，可将螺杆分为加料段、压缩段和均化段三段。

加料段：加料段的作用是对料斗送来的塑料进行加热，同时输送到压缩段，塑料在该段螺槽始终保持固体状态。加料段的长度随塑料品种的不同而不同，挤出结晶型热塑性塑料的加料段要求较长，使塑料有足够的停留时间，慢慢软化，该段约占螺杆全长的60%~65%，挤出无定形塑料的加料段较短，约占螺杆全长的10%~25%。但硬质无定形塑料也要求长一些，软质无定形塑料则短一些。

压缩段：又叫相迁移段，其作用是对加料段送来的料起挤压和剪切作用，同时使物料继续受热，由固体逐渐转变为熔融体，赶走塑料中的空气及其他挥发成分，增大塑料的密度，塑料通过压缩段后，应该成为完全塑化的粘流液状态。压缩段的长度与塑料的性质、塑料的压缩率有关。无定形塑料压缩段较长，为螺杆全长的55%~65%，熔融温度范围宽的塑料其压缩段最长，如聚氯乙烯挤出成型用的螺杆，压缩段为螺杆全长的100%，即全长均起压缩作用，这样的螺杆叫渐变螺杆。结晶型塑料，熔融温度范围较窄，压缩段较短，一般为 $3\sim5D_s$。某些熔化温度范围很窄的结晶型塑料，如尼龙等，其压缩段仅为一个螺距的长度，这样的螺杆叫突变螺杆。

均化段：又叫计量段，其作用是将塑化均匀的物料在均化段螺槽和机头回压作用下进一步搅拌塑化均匀，并定量、定压地通过机头口模挤出成型。由于从压缩段来的物料已达到所需的压缩比，故均化段一般没有压缩作用。螺距和槽深可以不变，这一段通常是等距、等深的浅槽螺纹。

机头和口模：机头是口模与料筒的过渡连接部分，口模是制品的成型部件，通常机头和口模是一个整体，习惯上统称为机头。

机头和口模的作用为：

(1) 使粘流态物料从螺旋运动变为平行直线运动，并稳定地导入口模而成型。

(2) 产生回压，使物料进一步均化，提高制品质量。

(3) 产生必要地成型压力，以获得结构密实和形状准确的制品。其结构示意图如图 6-5 所示。

机头和口模的组成部件包括过滤网、多孔板、分流器、模芯、口模和机颈等。机头中还有校正和调整装置，能调整和校正模芯与口模的同心度、尺寸和外观等。

传动系统主要包括带动螺杆转动的电机和机械传动部件。

此外还包括一些附属设备，塑料的输送、预热、干燥等预处理装置；挤出后制品的定型、冷却装置；牵引装置，卷绕或切割装置、控制设备等。

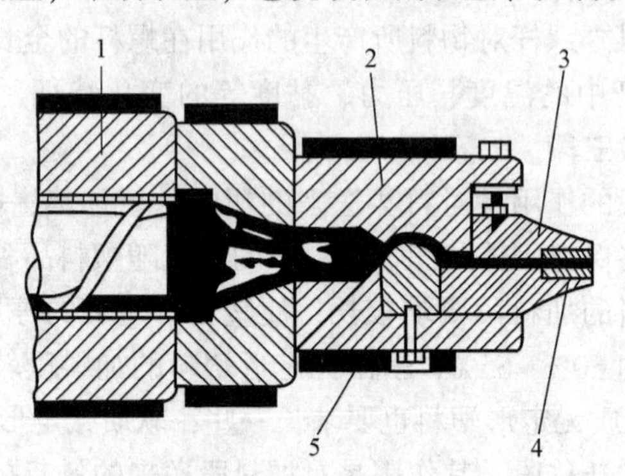

图 6-5　挤出机机头和口模示意图

1—挤出机；2—口模；3—模唇调节器；4—口模成型段；5—抛物调节排

柱塞式挤出机是借助柱塞的推挤压力，将事先塑化好的或由挤出机料筒加热塑化的物料从机头口模挤出而成型的。物料挤完后柱塞退回，再进行下一次操作。由于柱塞能对物料施加很高的推挤压力，只应用于熔融黏度很大及流动性极差的塑料，如聚四氟乙烯和硬聚氯乙烯管材的挤出成型。

7 金属材料成型与加工工艺

7.1 金属材料成型与加工方法介绍

金属材料是金属及其合金的总称。金属材料的成型方法可分为铸造、塑性加工、切削加工、焊接与粉末冶金。

A 铸造

铸造是将熔融态金属浇入铸型后，冷却凝固成为具有一定形状铸件的工艺方法。铸造是生产金属零件毛坯的主要工艺方法之一，与其他工艺方法相比，铸造成型生产成本较低，工艺灵活性大，适应性强，适合生产不同材料、形状和重量的铸件，并适合于批量生产。但它的缺点是公差较大，容易产生内部缺陷。铸造按铸型所用材料及浇注方式分为砂型铸造、熔模铸造、金属型铸造、压力铸造以及离心铸造等。

B 塑性加工

塑性成型加工指在外力的作用下金属材料通过塑性变形，获得具有一定形状、尺寸和力学性能的零件或毛坯的加工办法。塑性加工可分为锻造、轧制、挤压、拔制和冲压5种。

(1) 锻造。是指利用手锤、锻锤或压力设备上的模具对加热的金属坯料施力，使金属材料在不分离条件下产生塑性变形，以获得形状、尺寸和性能符合要求的零件。为了使金属材料在高塑性下成型，通常锻造是在热态下进行的，因此锻造也称为热锻。按成型是否使用模具通常分为自由锻和模锻。按加工方法分为手工锻造和机械锻造。在现代金属装饰工艺中，常用的锻造方法是手工锻造。

(2) 轧制。一般利用两个旋转的压辊印压力使金属坯料通过一个特定空间产生塑性变形，以获得所要求的截面形状并要求同时改变其组织性能。通过轧制可将钢坯加工成不同截面形状的原材料，如圆钢、方钢、角钢、下字钢、工字钢、槽钢、Z字钢、钢轨等。按轧制方式分为横轧、纵轧和斜轧；按轧制温度分为热轧和冷轧。热轧是将材料加热到再结晶温度以上进行轧制，热轧变形抗力小，变形量大，生产效率高，适合轧制较大断面尺寸，塑性较差或变形量较大的材料。冷轧则是在室温下对材料进行轧制。与热轧相比，冷轧产品尺寸精确，表面光洁，机械强度高。冷轧变形抗力大，变形量小，适合轧制塑性好，尺寸小的线材、薄板材等。

(3) 挤压。是指将金属放入挤压筒内，用强大的压力使坯料从模孔中挤出，从而获得符合模孔截面的坯料或零件加工方法。常用的挤压方式有正挤压、反挤压、复合挤压、径向挤压。适合于挤压加工的材料主要有低碳钢、有色金属及其合金。通过挤压可以得到多种截面形状的型材或零件。

(4) 拔制。是用拉力使大截面的金属坯料强行穿过一定形状的模孔，以获得所需断面形状和尺寸的小截面毛坯或制品的工艺过程。拉拔生产主要用来制造各种细线材、薄壁管及各种特殊几何形状的型材。拔制产品尺寸精确，表面光洁并具有一定的力学性能。低碳钢及多数有色金属及合金都可拔制成型，多用来生产管材、棒材、线材和异型材等。

(5) 冲压。又称板料冲压。在压力作用下利用模具使金属板料分离或产生塑性变形，以获得所需工件的工艺方法。按照加工温度分为热冲压和冷冲压。前者适合变形抗力高，塑性较差的板料加工；后者则在室温下进行，是薄板常用的冲压方法。

C 切削加工

切削加工又称冷加工，是指利用切削刀具在切削机床上（或用手工）将金属工件的多余加工量切去，以达到规定的形状、尺寸和表面质量的工艺工程。按照加工方式可分为车削、铣削、刨削、磨削、钻削、镗削及钳工等。

D 焊接

焊接加工是利用金属材料在高温作用下易熔化的性质，使金属与金属发生相互连接的一种工艺，是金属加工的一种辅助手段。常见的有熔焊、压焊和铣焊。

E 粉末冶金

粉末冶金是制取金属粉末或用金属粉末作为原料，经过成型和烧结，制造金属材料、复合材料以及各种类型制品的工艺技术。

7.2 金属材料压力加工成型工艺

7.2.1 金属塑性变形的实质

利用外力使金属产生塑性变形，来获得具有一定形状、尺寸和力学性能的原材料、毛坯或零件的方法称为金属压力加工工艺。也就是我们通常说的塑性加工。压力加工的工艺种类主要有轧制、拉拔、挤压、锻造和板料冲压。

金属的形变分为弹性变形和塑性变形。弹性变形是指在外力作用下，材料内部产生应力，迫使原子离开原来的平衡位置，改变了原子间的距离，使金属发生变形，并引起原子位能的增高，但原子有返回低位能的倾向。当外力停止作用后，应力消失，变形也随之消失。塑性变形是指应力超过金属的屈服点后，外力停止作用后，金属的变形并不完全消失。在切向应力作用下，晶体的一部分相对于另一部分，沿着一定的晶面产生相对滑移，滑移是塑性变形的基本方式。金属材料的变形示意图如图 7-1 所示。

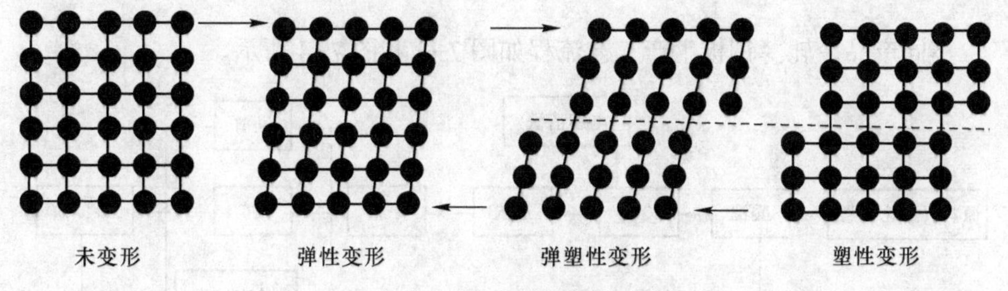

图 7-1 金属材料的变形示意图

7.2.2 塑性变形对金属组织和性能的影响

金属在常温下经塑性变形后，内部组织将发生如下变化：

(1) 晶粒沿最大变形的方向伸长。

(2) 晶格与晶粒发生扭曲，产生内应力。

(3) 晶粒产生碎晶。

冷变形强化使得金属强度和硬度上升，而塑性和韧性下降。这主要是由于滑移面附近的晶粒破碎、晶格扭曲畸变，增大了滑移阻力，使滑移难以进行。

冷变形强化在生产中具有重要的意义，它是提高金属材料强度、硬度和耐磨性的重要手段，如冷拉高强度钢丝、冷卷弹簧、坦克履带等。但冷变形强化后由于塑性和韧性进一步降低，给进一步变形带来了困难，甚至开裂，冷变形材料各向异性，还会引起材料的不均匀变形。

7.3 冷轧薄钢板的生产工艺流程

冷轧板带钢的产品品种很多，最具代表性的冷轧板带钢产品是金属镀层薄板(镀锡板、镀锌板等)、深冲钢板、电工硅钢板、不锈钢板和涂层钢板。成品供应状态有板、卷或窄带形状。

典型的冷轧带钢生产工艺流程如图 7-2 所示。

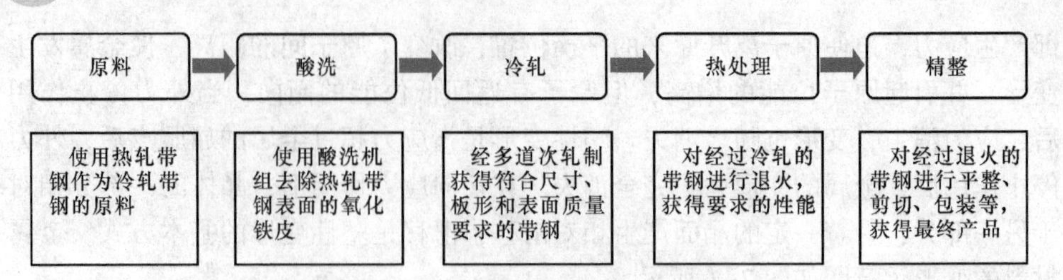

图 7-2 典型的冷轧带钢生产工艺流程

不同产品冷轧薄钢板生产工艺流程如图 7-3 和图 7-4 所示。

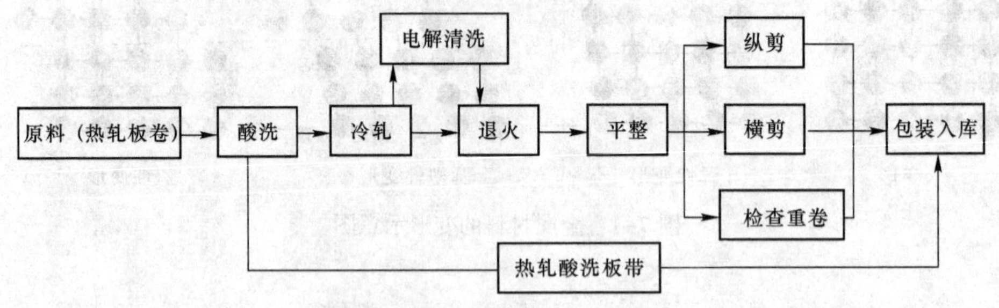

深冲板及热轧酸洗带卷生产工艺流程

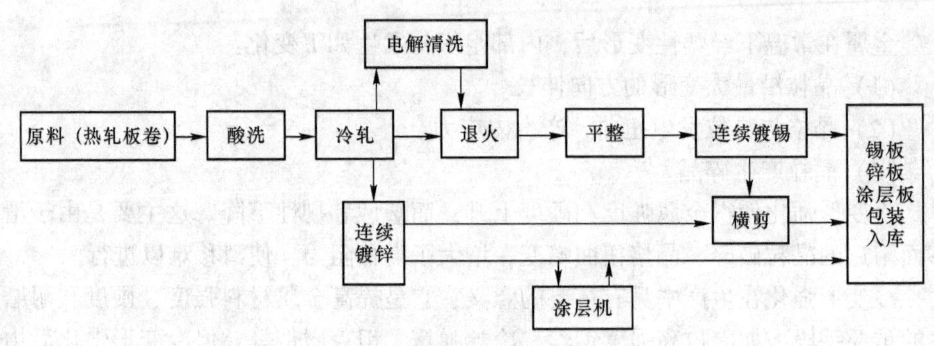

涂镀层薄板生产工艺流程

图 7-3 冷轧薄钢板生产工艺流程 1

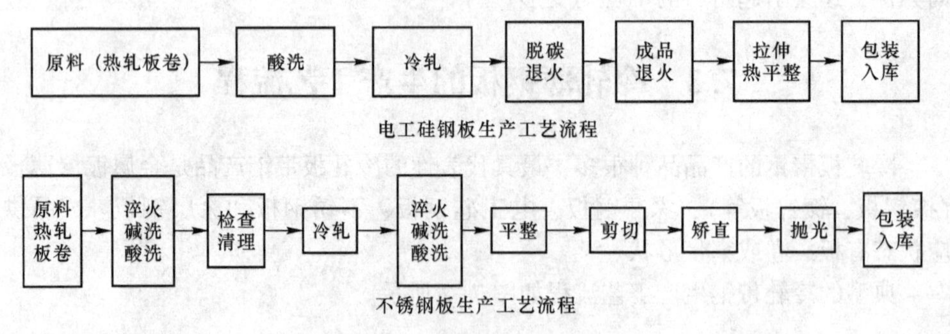

电工硅钢板生产工艺流程

不锈钢板生产工艺流程

图 7-4 冷轧薄钢板生产工艺流程 2

冷轧带钢车间工艺平面布置如图 7-5 所示。

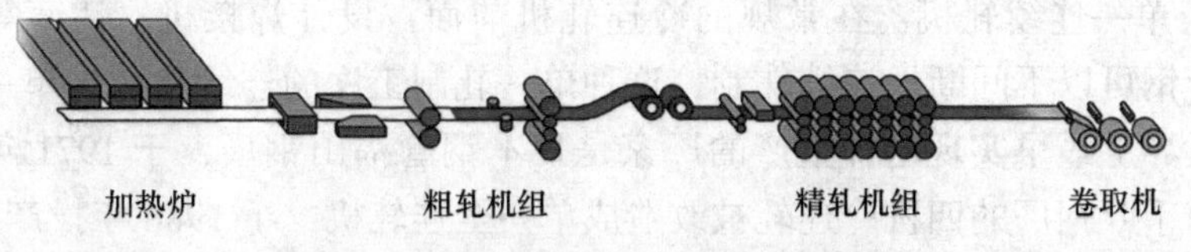

图 7-5 冷轧带钢车间工艺平面布置

冷轧带钢生产工艺从发展过程分为单张生产法、半成卷生产法、成卷生产法、现代冷轧生产方法和完全连续式冷轧生产方法。

(1) 单张生产法：钢板以单张形式生产，单机架不可逆式轧制，罩式炉热处理，劳动强度大。

(2) 半成卷生产法：酸洗与冷轧均是以成卷的形式生产，单机架可逆式轧制或多机架连轧，自热处理工序，与单张生产法类似。

(3) 成卷生产法：浅槽酸洗，多机架冷轧或单机架可逆式轧制，热处理分罩式或连续式，可单张包装，也可成卷包装。

(4) 现代冷轧生产方法：浅槽酸洗，双卷双拆，或无头轧制、酸轧联合，出现了带钢头尾焊接；热处理分罩式和连续式，可单张包装，也可成卷包装。

(5) 完全连续式冷轧生产方法：从酸洗、轧制、热处理、平整实现了全连续。

完全连续式冷轧生产工艺流程如图 7-6 所示。

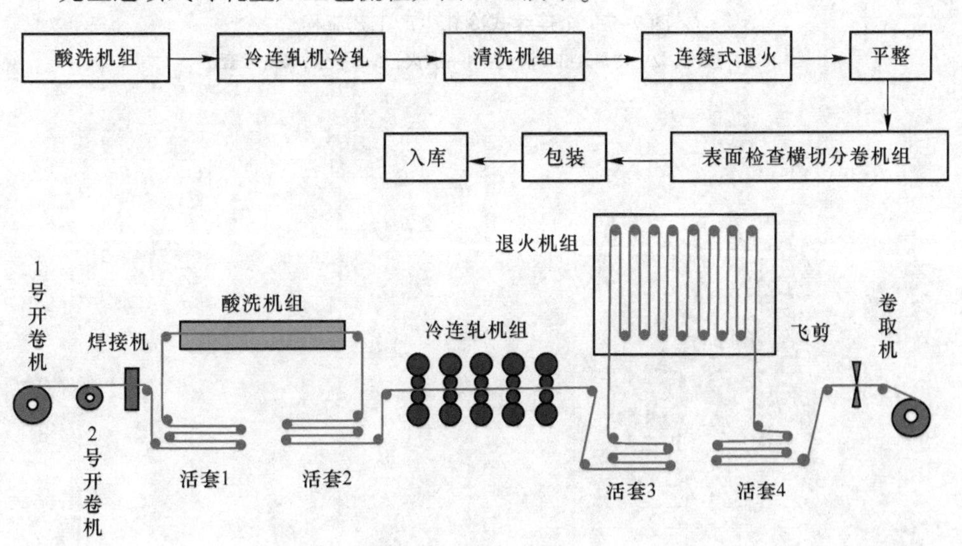

图 7-6 完全连续式冷轧生产工艺流程

全连续轧机主要有单一连续轧机、联合式全连续轧机和全联合式全连续轧机

3 种。

（1）单一连续轧机：在常规的冷连轧机前面，设计焊接机、活套等机电设备，使带钢可以不间断地连续轧制，这种单一轧制工序的连续化称为单一全连续轧制。世界上最早实现这种生产的厂家是日本钢管福山钢厂，于 1971 年 6 月投产。川崎千叶钢厂的四机冷连轧被改造成单一全连轧机，于 1988 年投产。

（2）联合式全连续轧机：将单一全连轧机再与其他生产工序的机组联合，称为联合式全连轧机。例如全连轧机与前面的酸洗机组联合，即为酸洗联合式全连轧机。全连轧机与后面的连续退火机组联合，即为退火联合式全连轧机。

（3）全联合式全连续轧机：全连轧机与前面酸洗机组和后面连续退火机组（包括清洗、退火、冷却、平整、检查工序）全部联合起来，即为全联合式全连轧机。全联合式全连续轧机采用了先进的自动控制技术，板厚精度可以控制在 ±1%。生产效率也大大提高，过去冷轧板带从投料到产出产品需要 12 天，采用全联合式全连轧机只要 20min。

全连续式冷轧生产工艺流程如图 7-7 所示。

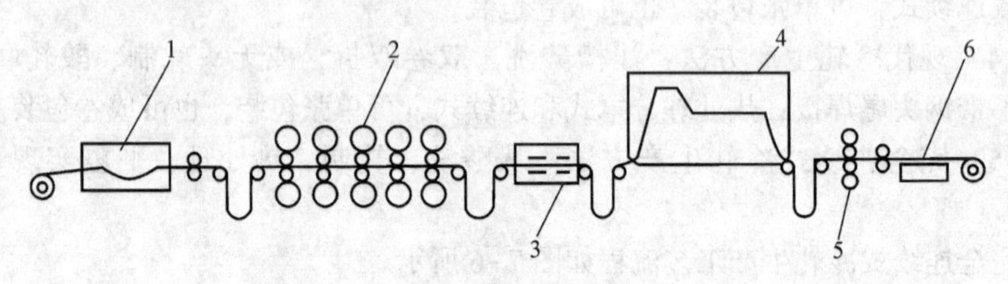

图 7-7　全连续式冷轧生产工艺流程

1—酸洗；2—冷轧；3—清洗；4—退火；5—平整；6—检查

参考文献

[1] 施惠生．材料概论［M］.2 版．上海：同济大学出版社，2009.
[2] 雅菁，等．材料概论［M］．四川：重庆大学出版社，2006.
[3] 马克．米奥多尼．迷人的材料［M］．赖盈满，译．北京：北京联合出版公司，2018.
[4] 奚同庚，等．无所不在的材料［M］．上海：上海科学技术文献出版社，2005.
[5] 刘宗昌，任慧平，等．金属材料工程概论［M］.2 版．北京：冶金工业出版社，2018.
[6] 唐代明，王小红，皮锦红．金属材料学［M］．成都：西南交通大学出版社，2014.
[7] 代书华，等．有色金属冶金概论［M］．北京：冶金工业出版社，2015.
[8] 王笑天．金属材料学［M］．北京：机械工业出版社，1987.
[9] 崔昆．钢铁材料及有色金属材料［M］．北京：机械工业出版社，1981.
[10] 杜景红，曹建春．无机非金属材料学［M］．北京：冶金工业出版社，2016.
[11] 戴金辉，葛兆明，等．无机非金属材料概论［M］.2 版．哈尔滨：哈尔滨工业大学出版社，2001.
[12] 高军刚，李源勋．高分子材料［M］．北京：化学工业出版社，2002.
[13] 周冀．高分子材料基础［M］．北京：国防工业出版社，2007.
[14] 陈平，廖明义．高分子合成材料学（上）［M］．北京：化学工业出版社，2005.
[15] 张留成，瞿雄伟，等．高分子材料基础［M］．北京：化学工业出版社，2002.
[16] 王芝国，等．复合材料概论［M］.3 版．哈尔滨：哈尔滨工业大学出版社，2004.
[17] 高聿为，邱平善，等．机械工程材料教程［M］．哈尔滨：哈尔滨工业大学出版社，2009.
[18] 程新群．化学电源［M］.2 版．北京：化学工业出版社，2018.
[19] 孙克宁，王振华，孙旺，等．现代化学电源［M］．北京：化学工业出版社，2017.
[20] 周志敏，纪爱华．铅酸蓄电池修复与回收技术［M］．北京：人民邮电出版社，2010.
[21] 陈红雨，等．铅酸蓄电池分析与检测技术［M］．北京：化学工业出版社，2011.
[22] 周志敏，周纪海，纪爱华．阀控式密封铅酸蓄电池实用技术［M］．北京：中国电力出版社，2004.
[23] 段万普．蓄电池使用和维护［M］．北京：化学工业出版社，2018.
[24] 柴树松．铅酸蓄电池制造技术［M］.2 版．北京：机械工业出版社，2016.
[25] 钟国彬，苏伟，王超，陈冬．铅酸蓄电池寿命评估及延寿技术［M］．北京：中国电力出版社，2018.
[26] 李利丽．废铅酸蓄电池废酸资源化利用研究及实践［J］．硫酸工业，2019（1）：33-36.
[27] 曲俊月．关于废旧铅酸蓄电池综合回收利用浅析［J］．有色矿冶，2019，35（2）：52-55.
[28] 王永强，黄玉婷．铅酸蓄电池回收项目中塑料回收预处理设备的设计［J］．轻工科技，2019，35（8）：120-121，152.
[29] 伊廷峰，谢颖．锂离子电池电极材料［M］．北京：化学工业出版社，2018.
[30] 王青松，平平，孙金华．锂离子电池热危险性及安全对策［M］．北京：科学出版

社，2017.

[31] 冯传启，王石泉，吴慧敏．锂离子电池材料合成与应用［M］. 北京：科学出版社，2017.

[32] 朱明皓，钟发平，匡德志．汽车动力电池智能制造工程建设框架与实践［M］. 北京：电子工业出版社，2020.

[33] 崔关磊．动力电池中聚合物关键材料［M］. 北京：科学出版社，2018.

[34] 杨贵恒，杨玉祥，王秋虹，王华清．化学电源技术及其应用［M］. 北京：化学工业出版社，2017.

[35] 张卫民，杨永会，孙思修，等．二次锂离子电池正极活性材料 $LiCoO_2$ 制备研究进展［J］. 无机化学学报，2000，16（6）：873-877.

[36] Subrahmanyam G，Ermanno M，Francesco D A，et al. Review on recent progress of nanostructured anode materials for Li-ion batteries［J］. Journal of Power Sources，2014，257：421-443.

[37] 黄可龙，等．锂离子电池原理与关键技术［M］. 北京：化学工业出版社，2007.

[38] Sun H H，Ryu H H，Kim U H，et al. Beyond Doping and Coating：Prospective Strategies for Stable High-Capacity Layered Ni-Rich Cathodes［J］. ACS Energy Letters，American Chemical Society，2020，5（4）：1136-1146.

[39] Lee W，Muhammad S，Sergey C，et al. Advances in the Cathode Materials for Lithium Rechargeable Batteries［J］. Angewandte Chemie-International Edition，2020，59（7）：2578-2605.

[40] Zhao N，Li Y，Zhi X，et al. Effect of Ce^{3+} doping on the properties of $LiFePO_4$ cathode material［J］. Journal of Rare Earths，2016，34：174-180.

[41] Lei Y，Ai J，Yang S，et al. Nb-doping in $LiNi_{0.8}Co_{0.1}Mn_{0.1}O_2$ cathode material：Effect on the cycling stability and voltage decay at high rates［J］. Journal of the Taiwan Institute of Chemical Engineers，2019，97：255-263.

[42] Wu L，Tang X，Rong Z，et al. Studies on electrochemical reversibility of lithium tungstate coated Ni-rich $LiNi_{0.8}Co_{0.1}Mn_{0.1}O_2$ cathode material under high cut-off voltage cycling［J］. Applied Surface Science，2019，484（1）：21-32.

[43] Yoon C S，Kim U H，Park G T，et al. Self-Passivation of a $LiNiO_2$ Cathode for a Lithium-Ion Battery through Zr Doping［J］. ACS Energy Letters，2018，3（7）：1634-1639.

[44] Gao Y，Park J，Liang X. Comprehensive Study of Al And Zr-Modified $LiNi_{0.8}Mn_{0.1}Co_{0.1}O_2$ through Synergy of Coating and Doping［J］. ACS Applied Energy Materials，2020，3（9）：8978-8987.

[45] 夏重凯．动力电池梯次利用现状及政策分析［J］. 汽车与配件，2016（38）：42-45.

[46] 杨九星．新能源汽车动力电池梯次利用展望［J］. 中国能源建设集团云南省电力设计院．

[47] 李香龙，陈强，关宇，王玉坤，刘秋降．梯次利用锂离子动力电池试验特性分析［J］. 电源技术，2013，37（11）：1940-1943.

[48] 朱广燕，刘三兵，海滨，陈效华．动力电池回收及梯次利用研究现状［J］．电源技术，2015，39（7）：1564-1566.
[49] 王维．动力电池梯次开发利用及经济性研究［D］．北京：华北电力大学，2015.
[50] 韩路，贺狄龙，刘爱菊，马冬梅．动力电池梯次利用研究进展［J］．电源技术，2014，38（3）：548-550.
[51] 仝瑞军．动力锂电池梯次利用的关键技术研究［J］．客车技术与研究，2014，36（3）：30-32.
[52] 赖柳锋．浅谈电镀工艺的发展［J］．当代化工研究，2017（5）：101-102.
[53] 钱苗根．现代表面技术［M］．北京：机械工业出版社，2016.
[54] 常晓雁，吴懿平．表面工程学［M］.2 版．北京：机械工业出版社，2016.
[55] 苗景国．金属表面处理技术［M］．北京：机械工业出版社，2018.
[56] 李金桂，周师岳，胡业锋．现代表面工程技术与应用［M］．北京：化学工业出版社，2014.
[57] 李慕勤，李俊刚，吕迎．材料表面工程技术［M］．北京：化学工业出版社，2010.
[58] 王兆华，张鹏，林修洲，张远声．材料表面工程［M］．北京：化学工业出版社，2011.
[59] 高长有．高分子材料概论［M］．北京：化学工业出版社，2018.
[60] 胡玉洁，贾宏葛．材料加工原理及工艺学·聚合物分册［M］．哈尔滨：哈尔滨工业大学出版社，2017.
[61] 韩蕾蕾．材料成形工艺基础［M］．合肥：合肥工业大学出版社，2018.
[62] 宋仁伯．材料成形工艺学［M］．北京：冶金工业出版社，2019.
[63] 孙立权．材料成形工艺［M］．北京：高等教育出版社，2010.
[64] 崔明铎．工程材料及其成形基础［M］．北京：机械工业出版社，2014.
[65] 任家隆，丁建宁．工程材料及成形技术基础［M］．北京：高等教育出版社，2019.
[66] 王卫卫．材料成形设备［M］．北京：机械工业出版社，2011.
[67] 鞠鲁粤．工程材料与成形技术基础［M］．北京：高等教育出版社，2015.
[68] 杨扬．金属塑性加工原理［M］．北京：化学工业出版社，2016.
[69] 李生智，李隆旭．金属压力加工概论［M］.3 版．北京：冶金工业出版社，2014.
[70] 吴树森，柳玉起．材料成形原理［M］．北京：机械工业出版社，2017.
[71] 刘玠．冷轧生产自动化技术［M］．北京：冶金工业出版社，2017.
[72] 霍晓阳．轧制技术基础［M］．哈尔滨：哈尔滨工业大学出版社，2013.